自然探秘系列

可怕的科学
HORRIBLE SCIENCE

U0257196

无情的海洋

ODIOUS OCEANS

[英] 阿尼塔·加纳利／原著　[英] 迈克·菲利普斯／绘　王晖／译

北京出版集团
北京少年儿童出版社

著作权合同登记号

图字:01-2009-4238

Text copyright © Anita Ganeri

Illustrations copyright © Mike phillips

Cover illustration © Mike Phillips，2009

Cover illustration reproduced by permission of Scholastic Ltd.

图书在版编目(CIP)数据

无情的海洋 /（英）加纳利（Ganeri，A.）著；（英）菲利普斯（Phillips，M.）绘；王晖译 . —2 版 . —北京：北京少年儿童出版社，2010. 1（2024.10重印）

（可怕的科学·自然探秘系列）

ISBN 978-7-5301-2353-9

Ⅰ.①无… Ⅱ.①加… ②菲… ③王… Ⅲ.①海洋—少年读物 Ⅳ.①P7-49

中国版本图书馆 CIP 数据核字(2009)第 181514 号

可怕的科学·自然探秘系列

无情的海洋

WUQING DE HAIYANG

［英］阿尼塔·加纳利 原著

［英］迈克·菲利普斯 绘

王 晖 译

＊

北 京 出 版 集 团 出版

北 京 少 年 儿 童 出 版 社

（北京北三环中路6号）

邮政编码:100120

网 址：www . bph . com . cn

北 京 少 年 儿 童 出 版 社 发 行

新 华 书 店 经 销

北京同文印刷有限责任公司印刷

＊

787 毫米×1092 毫米 16 开本 10 印张 50 千字

2010 年 1 月第 2 版 2024 年 10 月第 54 次印刷

ISBN 978-7-5301-2353-9/N·141

定价: 22.00 元

如有印装质量问题，由本社负责调换

质量监督电话: 010-58572171

目　录

让我们从这里开始吧

说起地理，那可真是个可怕的词，对不对？地理究竟意味着什么呢？是不是就是那些古老得连你都写不出名字来的老国家里的乏味的山谷里流淌的那些无聊的古老河流呢？是的，地理说的就是这些事情，当然，除此以外还有很多。不过，记住千万别让你的老师讲得太细，因为你要知道，这些地理老师从来不知道什么时候停下来。

那么地理学家都做些什么呢？试一试盯着窗外，好好看看外面，看见什么了？一排树？天空的云彩？起伏的田野？伸向城里的大路？（还是小狗挖出了你妈妈引以为骄傲的大丽花？）

　　恭喜你！你是一个地理学家了。为什么？因为地理是由两个古老的希腊单词组成的，它们的意思就是描述世界的科学。就是你刚才一直做的那些事情（当然小狗除外）。

　　但地理也可能被人们大大地误解，就拿我们这个被称作地球的星球来说，这种称呼本身就不很恰当，因为这个星球更多的是被水而不是被土地覆盖着，所以我认为称这个星球为"海洋"会更好些。我们这本书就来介绍一下令人敬畏的恐怖的海洋。

　　在讨厌的海洋里，你可以……

　　▶　与深海潜水员迪克一同潜到海的最深处。

　　★　是对研究海洋的地理学家的恭维。

　　▶　学着爱一条大白鲨（你能做到）。

▶ 查出泰坦尼克号为什么沉底儿了。

▶ 看看你是否具备参加海军的条件。

到那时，你就不会再觉得地理是无聊的了。

让我们从起点开始吧！

下潜之旅

一次奔向海底的旅行

　　1960年1月23日的早晨8:15，两个神色紧张的男人勉强地微笑着和他们的伙伴们一一告别，并进入一个被悬挂在一艘巨大的雪茄形救生艇底部的钢制工作舱里面。

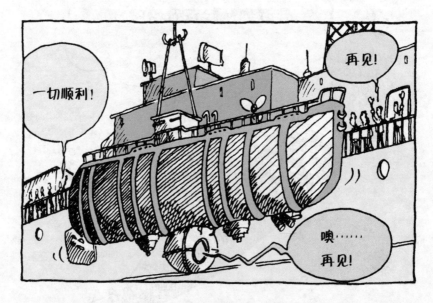

　　他们开始了自己一生中最重要的旅程，去为自己在地理著作中赢得一席之地而努力。工作舱只有一辆小车那么大，而且装配了不少仪器，可以想象只剩下很小的一块地方可以让他们坐下来了，所以当时没有人认为那会是一次舒适的航程。慢慢地，船上的起重机将救生艇举起越过船外，将它放入漆黑一片的太平洋中。这两个男人互相握手彼此祝福，他们知道这次前无古人的水下航行已开始了……

两位先生是科学家杰奎斯·皮卡德博士和美国海军的上尉当·沃尔什。而他们那奇异的工作舱被称作"里雅斯德"，它实际上是一个深海潜水器，看起来像是个袖珍的潜水艇。科学家的愿望是要潜至马里亚纳海沟的最深处。马里亚纳海沟是由一次巨大的海底裂变形成的，它是我们这个星球上已知的最深地点。以前从未有人尝试过，也没人知道这次是否会成功。

皮卡德和沃尔什焦急地坐在里雅斯德号里下沉到冰冷的海水中，等待声呐探测的结果，好知道他们是否已接近海底了。

他们非常清楚这次旅行充满了危险，但是没有人知道下面是什么等待着他们，以及里雅斯德号可否承受住压力。使他们对抗能压碎身体的重量以及上部水压的正是水罐厚厚的钢壁。大约下潜到水下9000米，他们把闸拉起以减缓里雅斯德号的下降——猛烈的着陆将是很危险的。突然间，传来一声可怕的噼啪声。

"怎么回事？"皮卡德焦急地望着周围。

有那么一阵儿，他们的心简直提到嗓子眼儿了……但那不过是一次警告。里雅斯德号的一个外窗在水的重压下破裂了。

但工作舱本身仍然保持毫无泄漏，他们终于深深地吸了一口气。接下来，那个令他们一直期待和惶恐的时刻终于到来了，下午1:06，在经过历时4小时48分钟的下潜航行后，里雅斯德号终于跌跌撞撞地触到了充满淤泥的、比以往任何一次都更具有挑战性的深度。

他俩的心怦怦直跳；皮卡德和沃尔什打开了强力照明灯，注视着眼前这个从不为人所见、所知的世界——海洋的最深、最黑处，在漆黑中的某一处，似乎有个家伙正盯着他们，不可能——没有谁可以在这个深度生存！因为这个深度的水中没有充足的氧气可以使其生存。当然了，科学不是第一回，也不会是最后一次被证明是错误的，那瞪着眼睛的怪物有点像比目鱼，是一只怪怪的白而且扁扁的鱼，非常活跃，过了不久，他俩又看到了一条小小的、微红色的生物穿过，形似一只虾。皮卡德和沃尔什在海底逗留了20分钟，因为寒冷，他们的牙齿咬得吱吱响，于是他们大口地吃着巧克力来补充能量。为了增加上升的浮力，他们丢掉了2吨的铁制品，这样里雅斯德号开始缓慢的、稳稳的上浮，在经过3小时17分钟后，终于破水而出。

他们那次的往返航程共计22千米，用了8个半小时，他们下潜的深度接近11千米，可以说古今无人能及，皮卡德和沃尔什至今仍保持着最深的潜海纪录，这次下潜成为海洋探险的一次伟大壮举。

无情的海洋

乘坐迷你潜水艇去探索海洋深处的秘密可以算是一个好方法。不过，还有许多许多更安全的方法可以使我们更好地了解海洋。等一下，先别急着跳进海里，因为有几件关于海洋的事你应该先了解一下。比如：

▶ 海洋在哪里？

▶ 什么是海洋？

▶ 海洋为什么会出现在地球上？

（好，就先问这3个问题吧）

正如你所见的，海洋是绝对的巨大无边，同时也巨湿巨咸，蕴藏着许许多多奇特的植物和动物，至今仍有许多充满淤泥的海床从没人涉足过，可以想象海洋之广大，很多地理学家至今还认为那些海床基本上是沙质的、平坦的（当然，这些科学家实际并未到过那里，也就无从真正了解，可是他们总得说些什么呀）。现在，我们知道那里有高山、深谷、活火山以及隆隆作响的地震、起伏的平地——你有证据吗？——所有这些都被水覆盖着，真可怕。

一次奔向海底的旅行

1. 海洋占据了地球 2 / 3 的面积，就像我们之前说的，它是如此巨大！超过半数以上的水都在一个海洋里——那就是太平洋，按面积排列下一个应该是大西洋，印度洋，南极海域和北冰洋。在一年的大多数时间里，北冰洋都被厚厚的冰块覆盖着，水中间是北极。南极海域也是冰的世界，这不算什么问题，问题是一些可怕的地理学家说"南极海"并不存在，他们声称"南极海"是大西洋、印度洋及太平洋的一部分，它自己不是什么海洋。真让人扫兴。

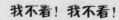

2. 你的老师也许告诉你海是蓝的，千万别相信这些话，大海只有在晴天时看起来才是蓝色的，因为那时海水从太阳光中反射出蓝色的光线，其他的时间里海水看起来是绿色的或灰色的。海水越绿越好，这意味着……

大海充满着微小的、有营养的、被称做Algae海藻的植物，它们是微小的海洋动物的食物，这些小的海洋动物又被较大的海洋动物吃下，大的海洋动物又会被更大的海洋动物吃掉——你明白了吗？

顺便提一下，有些地方的海水并非绿色的、灰色的或蓝色的。比如白海之所以是白色的是因为它被冰覆盖。而红海碰巧是被许多红色的植物充满的（那是另一种开胃的海藻，颜色看起来是粉红色的）。

3. 海洋的年龄差不多有40亿岁（比你的祖父母可大多了）。

在海洋形成以前不久，地球刚刚由尘土和气体形成。由于地球是冰冷和坚固的，水蒸气（水的气体形式）从喷发的火山表面蒸发到空气中，蒸汽遇冷凝结成暴雨云，最后以暴雨的方式猛烈地倾泻而下，将水填满第一个海洋。

海洋开始被填满

4. 最早出现的海洋可不是什么度假的好去处，忘了那温暖的、咸的海水以及长长的铺满细沙的海滩吧。那时的海水是滚烫的，尝起来味道有点像醋，今天的海水是咸的，是因为它里面有盐，就像你在你的食物上撒了盐。

这些盐一部分来自海底的火山，一部分是随着雨水落下，大多数来自陆地上的岩石，它们被河水冲进了海里，这些盐如果能均匀地铺在地球表面上，足够给地球罩一个150米厚的外壳。

帝国大厦

埃菲尔铁塔

尼尔森柱

150米的
盐层

5. 习惯上，盐分在地理学上称作"盐度"，是非常技术性的，它是用1000份的水中的含盐量来确定的，用P.S.U.来表示。海中盐的含量越高，你就会漂浮得越好。

试试这个简单的体验测试。

6. 在海洋的历史上曾发生过一些有趣的事情。大约在6500万年前，地中海彻底从大西洋中分割出来。1000年后，海水在太阳的照耀下全部蒸发掉了，剩下的海床上凝结成的盐块有1千米厚，最终大西洋的海平面还是升起了，导致一条巨大的瀑布从直布罗陀海峡（连接着地中海和大西洋的海峡）冲刷下来，流进了地中海，最终又将地中海填满，这个过程也花了大约有100年时间。

7. 当我们说海"水平"时有点容易让人误解，像一切事物一样，它也有起有落。在上个冰川期，约18 000年前，大量的水被"锁"在了冰川里，整个海平面下降了100米。如果你有闲暇时间，这已经能让你徒步横穿英吉利海峡，从英国步行到法国了。从那以后，海平面每100年又上升大约10厘米。地理学家们了解在过去的5000年里海平面是如何上升的，他们在海床上发现了陆生动物的骨头和牙齿，像已绝种的猛犸象和马，当海平面上升时，它们都被淹没了。

怎样 "制造" 红海

你需要什么：

一些盐

一些热水

一个桶或量杯

几滴来自红色食物的液体（随意）

做些什么：

（1）将4茶匙盐放进1升水中。

（2）在水中搅拌直到盐溶化。

（3）加入几滴红色食物的液体来着色（记住这就是红海）。

（4）抿一口（只一小口）。

（5）红海就这么咸！

世界范围内的海平面变化被称做"EUSTATIC"变化，我本人对这个可没什么兴趣。

教师的烦恼

你老师的地理知识到底有多深呢？如果你费尽心机想弄清楚，不妨抓抓你的头：

先生，您能告诉我大海有多重吗？

答案

大海里的水大约重1.2×10^{19}吨，也就是12 000 000 000 000 000 000吨。在实际情况下你潜得越深，会感觉越沉，这被称作水压。在海洋最深处，水压对你而言就好比有20头大象坐在你的头顶上，啊唷！

地球上令人震惊的事实

从前，人们相信地球是平面的，他们认为如果你往一个方向航行得太远，你会在边际的地方摔下去，掉进地狱。更令人惊讶的是，现在仍有人这样认为。

一些咸的海

知道吗？海洋的某些部分根本不能被称作海洋，它们只是海。更糟的是，一些海也不是真正的海，只是盐湖。按照地理学规定，一个真正的海应该是海洋的一部分。因此，南海是太平洋的一部分，北海是大西洋的一部分。糊涂了吗？把你的脚趾放进这些咸海里去试一试吧：

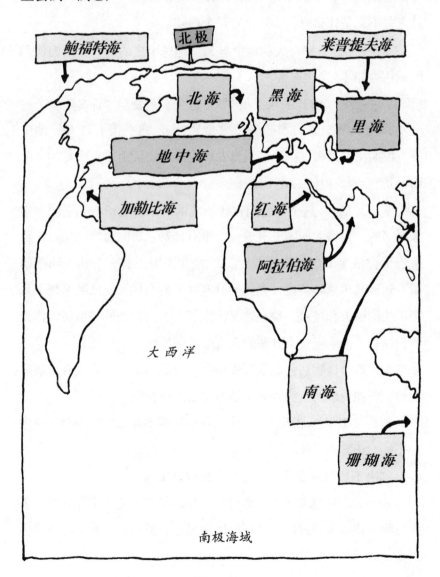

黑海　古希腊人称作"胸怀宽广的海"，尽管如此，黑海仍有太多的礁石和风暴。希腊人认为给一件事物一个坏的名字不是很吉利，然而结果还是变得很糟糕，后来，土耳其人改了它的名字，因为这名字让他们很紧张，会想到死!

死海　这个海被称作"死"的原因是其中水的盐分太多，因此没有东西可在里面生活太久，它的含盐度是一般海洋的5倍，并且它并不真是什么海，实际上它是个内陆盐湖。

地中海　罗马人称地中海为"地球中央的海"，因为他们的确认为如此。

7个海　古代的水手用"7"这个字来表示"许多"。"许多"指他们所知道的那些海总数是"7"。这些海有红海、地中海、波斯湾、黑海、南海、里海及印度洋，实际上，更像是70个海而不是7个海，但他们并不介意。

爱琴海　这个海是用古代雅典的一个国王伊格尤斯的名字来命名的，伊格尤斯国王有着一个带有传奇色彩的悲惨结局，让我来告诉你故事是怎样发生的吧。伊格尤斯国王有一个儿子叫西修斯，他极其勇猛和英俊，在他还只有10岁的时候，他已经杀死了几个可怕的巨人和怪兽。现在他又出发了，去进行他的一项新的伟大的尝试——去杀死一个丑恶的人身牛头的怪物（一半是人，一半是公牛），这个怪物居住在靠近克里特附近的岛上。一直没有人敢靠近他。但他勇敢的行为并未让他的父亲感到喜悦。

他的父王伊格尤斯说："你为什么不能留在家里结婚呢？就像一个好的正常的男孩。"

"决不!"西修斯回答（他也是很倔犟的）。

伊格尤斯叹息着说："那好吧，你赢了，但是如果你真的杀了那怪物，请换条路返回，并把船帆由黑色换成白色，好让我知道你是安全的。"

"没问题，爸爸，再会。"西修斯答应了，却没有认真地听进去。长话短说，西修斯到了克里特，杀死了怪物，充分证明了他的勇敢，并与阿丽亚登订了婚以说明他的英俊。阿丽亚登是克里特国王的女儿，她与西修斯一齐乘船去见了他的父母。在回来的路上，这两只爱鸟停在了那克苏斯岛上过夜，当阿丽亚登沉沉地入睡后，西修斯开船离开了她。就那样，没有字条，什么也没留下。

当阿丽亚登醒来发现自己被遗弃了，她愤怒到了极点。

很幸运，她有些朋友在高处，包括一个神名叫狄奥尼西奥斯（他对阿丽亚登很着迷）。他对西修斯施了魔法，让他忘记了自己的许诺。你还记得吗？就是关于让他更换船帆的那件事。所以，西修斯回家时一点没留意那个明显的黑色船帆，这是多大的错误呀！老国王伊格尤斯认为他已经死了，悲痛得失去了理智，纵身从悬崖上跳下，被大海吞没了。所以雅典失去了一位国王，但是为这个海赢得了一个名字。

《每日全球》报

剧烈的上升下降

海洋深处的海床到底是个什么样子呢？它真的非常昏暗、乏味和平坦吗？那些关于山峰、火山和山谷的传闻都是真的吗？深海底层都是破损的吗？我们《每日全球》决定派遣我们的巡回记者C.Shanty详细地了解一下事情，这是一项非常特别的破纪录的任务……

水下高山要比举世瞩目的珠穆朗玛峰高大

权威报道，珠穆朗玛峰并不是地球上最高的山峰，它只不过有8844米高，这要比雄伟的冒纳凯阿矮1000米不止。

冒纳凯阿　珠穆朗玛峰

太平洋底的巨大火山从海床上升了令人惊讶的10 203米，这可是项世界纪录，山顶冲破

海面，变成了天堂般的夏威夷岛，就如你看见的，当我在那时，我花了些时间去考察……

伸展的海底——是大西洋的硬撞

我乘船到大西洋中部，在这个海洋里，我知道蜿蜒着世界上最长的山脉链。从中部笔直向下，一路从冰岛（你

可以看见山脉在这里伸出了水面）延伸至南极，这就是乏味的被称作大西洋山脊的中部山脊，大约有11 000千米长，4000米高。大部分位于水面2000米以下。

水下部分

水上部分

中部——大西洋山脉

超过11 000千米长，4000米高

事实上，这一切并没有听起来那么无聊，沿着山脊，红色的热的软而黏的岩浆从海底裂缝中渗出，当它接触水后遇冷变成固体。它们造就了全新的山脉和火山。

软而黏的岩浆

并且，那些美丽的旧山脊，也变成了新的海床，根据上一次的记录，大西洋山脊每年增宽差不多4厘米！地理学家把这称作"海底扩展"。因为它发生在海床上，而且它在伸展……但我可没时间等在这里观察这一切。

触击黑暗的马里亚纳群岛底部

下一个就到了太平洋西北部极黑暗的马里亚纳海沟，这里有着地球上

最深及最黑的地方的纪录。还有那最鬼里鬼气的东西躲在那儿。

这里可不是海里唯一的海沟，海沟是在海底的一个巨大和严重的创伤。它的产生是由于某一块海床被挤到另一块海床之下，并熔化进了地球里。

这被称作"潜没"——一个时髦的描述"挤下去"的词汇。的确和事实很相符，海沟平衡着海底的扩展，使地球不至于变得越来越大，设想一下那可能造成的混沌，我可能永远也无法返回办公室了，想一想吧……

马里亚纳海沟的深度是惊人的，有11 034米。

如果你戴的皮脚蹼掉在那里，要花整整一个小时才能触及底部！幸运的是，我的脚蹼紧紧地套在我的脚上。

顶级秘密——死尸乱丢在海底

死尸覆盖了超过一半的海底并厚达好几千米。它们比地球上任何地方都要平坦，它们是真正深不可测的平原。但这可不同于你把颈后的头发从头到尾梳得平平滑滑一样，这些恐怖的地方被一层烦人的软泥覆盖着。而这层软泥则是由成千上百万的非常小的如雨一般坠下的海洋生物的遗体堆积而成的。足有上亿的死去的海洋生物。

我可不要在这里待着！

谁有资格夸耀自己拥有最棒的海岸？

返回陆地（哎哟），海岸线也能打破几项纪录。你知道吗？如果全世界的海岸线都能伸展出来，它们的长度可以绕地球13圈？

恭喜加拿大！不仅仅因为你是世界面积上最大的国家之一，而且因为你拥有超过90 000千米的海岸，你

21

可以夸耀自己拥有世界上最棒的海岸了。 排在第二位的是印度尼西亚，它的海岸线大约有47 000千米。

加拿大：一些伟大的扭动的海岸

最后，你有必要到夏威夷的北海岸去看看那世界上最高的海中悬崖，从这一峭壁上跳下去足足有1000米才能触及海面。你可别让我太靠近悬崖边缘，我可有恐高症，这就是为什么我要坐在海洋观景酒店的安全沙发里完成我这篇报道的真正原因了。

干杯!

一个动人的故事

　　是否想过拥有一个靠近海边的房子？听起来不错，对吗？但实际上住在海边可能是一件很恐怖的事，风啊，浪啊，还有变化的天气不断敲打着海岸，腐蚀着岩石和峭壁。

这被称作"冲蚀",别担心,它不会把你捣成两半的。海浪撞击海岸的方式被称作"惊涛拍岸"。下面是所发生的一切:

怎样驾驭巨浪

你需要什么:

一片海滩

一块冲浪板

一个志愿者(其实,也不一定非得是自愿的)

做些什么:

我们已经请了深海潜水员迪克来做一下示范:

1. 海浪开始时很平静和低,目前为止都不错。

2. 靠近海岸时,由于海水和海床的摩擦★使下层的海水减速并开始减缓★★。

(★ 摩擦力是一种试图阻止事物彼此移动的力。试试将你的指尖在桌上移动,摩擦力会让它们挪动得越来越困难。)

(★★ 海洋地质学家称这为"触底"。但那也表示得很不充分。窃笑。)

3. 海浪变得更陡更高了……

4. ……直到海浪从空中坠下，在沙滩上砸得粉碎。

制造海浪

正是因为有了海浪和洋流才有了海水的不断移动。但在地球上它们到底是什么呢？海浪是由于风吹过海面造成的。风愈强，浪就愈大。有时海浪非常的巨大。1933年，一艘苏联轮船上的不幸船员就曾感受过海浪致命的威胁。当时，他们遇到一个34米高的巨浪，浪头卷起直袭到他们的面前。幸运的是，他们是活着告诉我们这个故事的。

他们的惊慌失措是有理由的，这个海浪超乎寻常的猛烈。在1968年，一个巨浪曾将一只油轮从非洲的一个海岸边卷走，并将这艘油轮麻利地折为两段！

如果你想在糟糕的天气出门，可能最安全的方式是乘坐潜水艇，因为海浪只能在海面上"作乱"，而如果你潜得足够深，你就不会有什么感觉了。

试着自己制造一些海浪出来。当然，它们会比实际的小很多。将一只碗盛满水，然后向水面吹气，记住！你吹得愈有力，

"海浪"就会愈大。继续，用劲吹！如果你的妈妈因为你由此把家里弄得乱七八糟而让你停止，你要瞪大眼睛看着这一切，并说：

但是妈妈，我只是在学习简单的振动！

对你我来说那就是"海浪"。

讨厌的海啸

海啸是：

（a）根本不是刚才我们说的海浪（因为它们不是由风造成的）。

（b）对于潮，我们可一点儿法子都没有。

潮是由发生在深海底部的地震或火山喷发引起的，这些冲击波纹颤抖着穿过水层就造成了涟漪和鼓起，起初涟漪并没造成什么影响——实际上，大船经过时它们都不会有人注意到。但它们却能够快速移动，一路运动起来速度快得像喷气飞机直到抵达陆地，那时麻烦才真的开始，它们掀起30米高的巨浪，然后猛烈地砸下，浪花四溅。

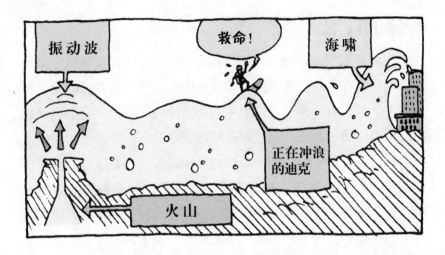

有一种海啸包含了足够淹没一个岛屿的充足水量。地球学家称这样的海浪为"祖纳米",这是个日语词汇,意思是"海港之浪"。最大的海啸曾有85米高。1946年,在夏威夷发生的一次海啸就曾拔起了一座房子,沿着公路行进几百米然后又把它放下。动作柔和得连桌上的盘子都没晃动!

神秘的洋流

在海面底下涌动的巨大水流被称作洋流，它们也被风一路掠过。但它们在地球上究竟做了些什么呢？一些洋流是温暖的（高到30℃）；另有一些又是冷的（低到寒冷的−2℃）。它们在赤道附近取得温暖的水又从极地附近取得寒冷的水，带着它们围绕地球旋转，这有助于给陆地平静地加热和降温，没有洋流的作用，赤道会变得越来越热，极地会变得越来越冷。那将会使我们的生活极不舒服。一些洋流非常巨大，一个洋流——寒冷的西风漂流，它携带着2000倍亚马孙河（亚马孙河位于巴西，是世界上最大的河流）的水量。

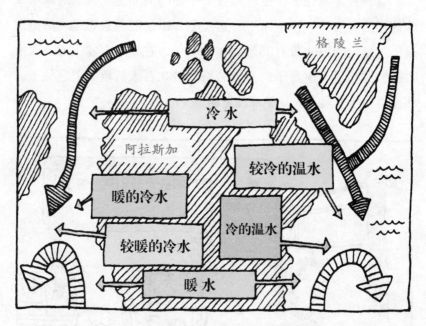

28

狡猾的潮水

并不只有海浪和洋流使海洋处于不休止的状态。一天两次大海"鼓起"海水涌向海岸，随后退回去，有个漂亮的词"潮起潮落"讲的就是这个现象。这些变化被称作潮汐。

涨潮是当水涌起时，低潮是当水又退去时，潮汐主要是由月亮的引力引起的，月亮的引力使海洋向它靠近形成了一个巨大的凸起。但那还不是全部。在这一切进行的时候，地球也在绕着自己的轴（一个假想的贯穿在地球中心的线）旋转。当地球旋转时，离心力将海洋拉向另一边形成另一个鼓起。糊涂了吗？别晕，看一下迪克的深海图表1。

迪克的深海图表1

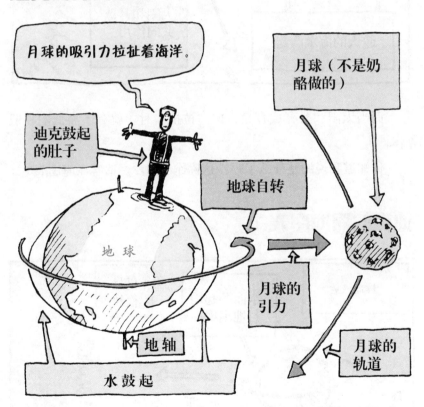

听了下面这些你会更糊涂，一个月两次太阳也加入这个"游戏"来发挥它的作用。当太阳和月亮在一条直线上拉扯时，它们就会造成海水形成非常非常高的涨潮及非常非常低的退潮，这被称作春季潮汐，请看深海图表2。

迪克的深海图表2

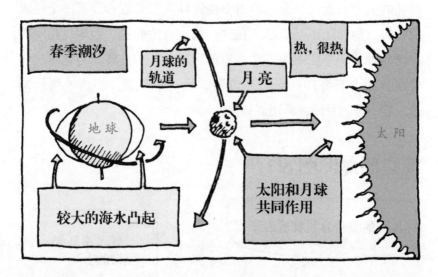

而当太阳和月亮成直角方向"拉扯"时，就有了高低潮和低高潮。

你知道我说的是什么了吗？这称作小潮汐。请看深海图表3。

迪克的深海图表3

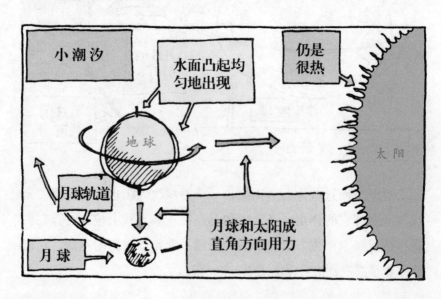

地球上令人震惊的事实

好了，这就是一位"古董"级的地理学家对潮汐的解释。而在日本，人们有一些更有趣的见解。它们相信潮汐是由两个属于上帝的巨大珍珠引起的。当这两个珍珠被投进海里，其中一个引发退潮，而另外的一个就引起涨潮。看一下迪克的深海图表4就明白了。

迪克的深海图表4

百慕大三角

海洋中一块最危险的地段就是令人费解的百慕大三角地带。它是大西洋中一个巨大的三角形延伸地带，位于波多黎各、迈阿密及百慕大之间。它已经使地理学家们困惑了许多年。为什么？因为在过去的几十年里，这个麻烦不断的三角地带已经吞没了至少100艘船只及上百名不幸的船员，他们从此再也没有被人看到过。

举个例子，在1918年，一艘巨型煤船"独眼巨人号"及它的309名船员在穿行百慕大三角时消失得无影无踪。但实际上麻烦开

31

始得比这要早得多。早在1881年，一艘轮船装载着大量的木材，在完全失踪之前的一周就丢失了3名船员！在大多数情况下，没有明显的征兆，船只会消失在平静的天气里；由于消失得太快，以至于船只没有时间发出求救的SOS信号。

并不仅仅是船只，看一下画面。那是1944年的12月5日，第二次世界大战正在蔓延，5架美国海军的鱼雷轰炸机，每架搭载着3名飞行员经佛罗里达州越海的途中，一个接一个在穿过百慕大三角地带时，消失在薄薄的空气里……那天天气非常晴朗，阳光明媚。他们的仪表运转得非常良好，一架救援飞机随后被派去寻找他们，几分钟内，也失踪了！

地球正在发生什么呢？都是巧合吗？或者有某些邪恶的东西？谁或者什么应该受到指责？下面是一些可能的罪犯：

1. 在大西洋这一区域的天气是非常难料的，你可以在前一分钟里拥有蓝天而下一分钟就变成怒吼的大风天气。最坏的暴风是飓风，这种恐怖的热带风暴能将船吹走或把它们拍个粉碎。

2. 船只也可能被海龙卷吸进去。"海龙卷"就是漏斗状的空气旋涡。海龙卷从海面上空的暴风云中悬下，当悬转的空气触及

32

水面时，海水就被空气旋涡吸起变成了一个巨大的水柱，它可以达到1000米高。但是海龙卷仅能停留10～15分钟，海龙卷过后所有的水又都坠回到海中。

水被吸起

水被释放

3. 大面积的水下爆炸如何呢？它们是关键所在吗？在1995年，科学家们发现了一团巨大的沼气在海床上积聚。一位科学家说：

> 释放这些气体就如摇动一大罐爆炸物一般，海洋就会冒起泡沫，轮船因此会失去浮力在瞬间消失得无影无踪。而当水中饱含了大量的气体时，它的密度就比正常的密度要低，于是船只就会下沉，飞机也会骤然坠落。

（PS同时也会伴随着可怕的恶臭——沼气的味儿很恐怖）

4. 海洋洋底存在的那些金属也能起一个巨大的磁铁船的作用，百慕大三角地带中一定有些什么干扰了船上的罗盘，使得船驶向错误的方向，才消失得那么无助！

通常罗盘指针都会指向有磁力的北方，而不是北极。但是到了不安全的百慕大三角地带它就会指向两边。

5. 为什么那些残骸从未被发现过？噢，那可能是可恶的洋流捣的鬼，那涌动的暗流能将残骸携带到远离搜寻队可以发现的地方，小的涡流"旋涡"，可以帮助散播那些残骸。

6. 一旦到了水下，残骸会很快被海底的泥沙或淤泥淹没，另一方面，它可能被"蓝洞"吞没了。那就是原因了！

至于失踪的船员，他们的尸体很可能已被鲨鱼狼吞虎咽地吞进去了。

你怎么想的？至少这些推测听起来，比其他的一些解释更合乎情理。另外，有一些人还声称消失在百慕大三角地带的船只是被乘坐飞碟的外星人抓去了，外星人要把这些船员们用在地球外的实验里。真是天方夜谭！

　　如果所有的神秘事件令你觉得意犹未尽的话（有些人会有这种感觉的），别着急，你不用为此等很久，下一章就充满了令人垂涎的"食物"。如果你没有被它们先吃掉……

好多好多的鱼

可以说几乎从人类在地球上出现开始，人们就开始捕鱼了，在一些地方，千百年来，甚至连捕鱼的方法几乎都没什么变化。渔夫们仍旧使用几千年来古老的长矛、钩和线。在巴布亚新几内亚（澳大利亚东北部的一个国家），渔夫们甚至使用巨型蜘蛛网作为渔网（因此出海时他们会带着一个巨型蜘蛛）。

在世界的其他地方，捕鱼是大买卖——每年大约有7500万吨鱼被捕捞。（令人惊讶的鱼量！）现代的捕鱼船是相当高科技的，他们用计算机和声呐★来找鱼，并且用几千米长的一个你不敢相信的大网来捕鱼。一些船更像是漂浮的鱼工厂。他们在甲板上清洗、包装及把鱼冷冻起来，如果你碰巧是只沙丁鱼，那你可就倒霉了，因为你正是他们的捕捞目标。

★声呐是一种可以传送嘟嘟声的仪器。这些声音击中目标如沙丁鱼，并返送回声。回声会被船上的计算机搜集到并显示在屏幕上，告诉你鱼在哪里。

嘟！

嘟！

鱼

什么是地球上的鱼类?

你当然知道鱼是什么，但是你知道鱼类有什么共性吗？下面有关鱼的哪两个描述是错的？

1. 鱼是冷血的（冷血意味着它们要依赖外界条件，像水温来使它们升温或降温）。

2. 大多数鱼生活在咸的新鲜的水中。

3. 鱼呼吸溶解在水中的氧气。

4. 鱼通过肺来呼吸，像人类。

5. 大多数鱼类覆盖着鳞。

6. 鱼类用它们的鳍来掌舵和划水。

7. 所有鱼类都有骨架。

8. 一些鱼可在水外生存。

4和7错误。

4. 鱼没有肺，取而代之的是它们用头两侧有裂缝的鳃来呼吸。当一条鱼游动时，它会关闭自己的鳃盖，张开嘴吞进水，然后闭上嘴，打开鳃迫使水从鳃流出它们的身体。这样水中溶解的氧气就进入了鱼的血液中。

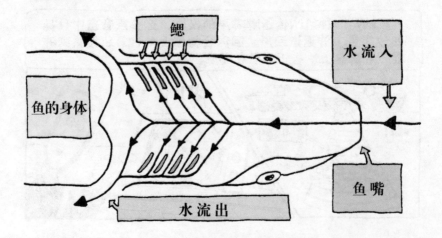

鳃

水流入

鱼的身体

鱼嘴

水流出

7. 鲨鱼和鳐鱼的骨架不是骨头而是有弹力的软骨，用你的手指按在你的鼻根处，摸一下，别害羞！那就是软骨的感觉。

（顺便提一下，信不信由你，第8项是正确的。跳跳鱼非常乐意作为能离开水面的鱼，但它们需要保持表皮潮湿以吸取氧气。它们生活在一些河口，在那里河流与大海相会。）

一些非常的鱼类纪录打破者

最早 最早的鱼类出现在大约5亿年前，它们只有4厘米长……

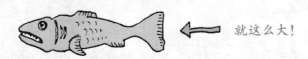

就这么大！

它们的牙齿非常细小。今天共有25 000个令人惊异的鱼种，每年还会新发现上百种。实际上，海里有许多种不同类型的鱼。这就如同把两栖动物、爬行动物、鸟类和哺乳动物放在一起那么多。就是那样！

最快 敏感迅速的旗鱼很难抓捕。在短距离内，它的速度是无敌的，它的冲刺速度超过100千米每小时，在冲刺时它会将鳍藏在身体两侧，这样更符合空气动力学原理。

嗖！

最慢　海马不仅是长得最古怪的鱼，（它们怎么会长出马形的头部？）也是游得最慢的鱼。一条海马在焦急时要花整整3天才走完1000米的路！还有更奇怪的呢，海马生育了小海马以后就会死去。雄海马的腹部长有一个袋子，雌海马把卵喷到袋子里面后，就离开雄海马游走了。两周以后，成百个小海马就会从袋里钻出来。它们首先要做的事就是学习直立着游泳！

最棒的飞行者　为了避免被饥饿的敌人咬住，飞鱼能跃出海面在翅状的鳍的帮助下在空气中滑翔，就如同一架微型鱼形飞机。有时它的敌人会试着去追赶它。一只船上的猫就曾因为想抓住一只跃过甲板的飞鱼而落进了大西洋里。

最小的　　在蔚蓝的大海里遨游的最小的鱼是那微小的来自印度洋的虾虎鱼，虾虎鱼小得出奇，它可以自由自在地在一个汤匙里来回游泳。

最老的　　被公认活得最久的鱼是一条88岁的美洲鳗，叫普特，它于1860年诞生于马尾藻海（大西洋的一部分），但它的大半生都是在瑞典的水族馆里度过的，最后，它死于1948年。判断一条鱼的年龄不是件容易的事，首先你必须抓住并杀了它。然后你得去数在它鳍上和骨头上的生长线。真是件麻烦的事情！

巨大的体积差别　　在古老的海洋里生存是很艰难的，被别的鱼吃掉是生活中一件很平常的事。因此海洋里的翻车鱼就会排下上百万个卵以保证会有一些卵存活下来。新生的翻车鱼就像豌豆那么大，但不用太久，等到了成年，它们的体积会增加上千倍，就像一辆小卡车那么大那么沉。真恐怖！

吃起来风险最大的鱼 如果你真的想拿命去赌一把，就试着尝一小块致命河豚吧，那可是海洋里最致命的鱼。尽管如此，在日本它还是被奉为一道美味，日本人称之为"福鼓"（河豚）。河豚的心脏、肺、血液和内脏都是有剧毒的。即使是小小的一口都可以致命，厨师们会接受特殊的训练取出那些有毒的东西。但如果他们搞错了可怎么办呢？一个小小的失误可就要造成千古遗憾了。

首先，你会感到全身变得麻木，然后开始颤抖。有治吗？说实话，真的没什么有效的方法，不过据说将自己埋进泥里直到脖子以上会有所帮助！

最贪吃的鱼 鱼也会晕船的——这是真的！尤其是当你在一个桶里摇晃它们时（可别在家里试这个！）或者当它们自相残杀得昏头昏脑时。不管怎样它们比不上举止粗鲁的青鱼那么贪吃，青鱼会不停地吃直到自己吐出来为止，然后，它会把自己刚吐出来的食物再吃一遍！恶心死了。

最大的收获（捕） 1986年，一条挪威渔船一网捞起了1.2亿万条鱼，那是足够供每个挪威人分30条鱼的量，其中最大的一条鱼是一条非常巨大的白鲨，它重达1吨。

除了鱼以外海里还有很多别的……

地球上的甲壳动物

严格讲，甲壳类动物不是真的鱼，它们是像虾、蟹、龙虾这样的生物。它们中的多数都有坚硬的外壳来保护它们柔软的肉体。并且大多生存在水中，除了木虱——你没准可在花园的石头下发现其中一只。

最大的甲壳类动物是日本的蜘蛛蟹。它们是如此巨大，你可以把一匹马置于它前面的俩爪子之间。它们也被称作高跷蟹，因为它们的腿是那么长。有记录的最长的跨度有3.6米，重18千克。这些巨大的甲壳类动物生活在海底，它们吃其他的甲壳类动物、蚯蚓和软体动物。它们不会接近你，除非你的脚趾靠得太近妨碍了它们。

谈到脚趾，你应该观察一下拳击手螃蟹，它有着一双最肮脏的钳子，它在每个钳子里都握着带刺的海葵来蒙骗大家，当敌人靠得太近时，这只暴躁的甲壳类动物就会将海葵用力甩在敌人脸上。干得漂亮！因为它的"手"上总是抓满了东西，所以它不得不用脚吃东西。

以尺寸来说走在另一个极端的是豌豆蟹。他们住在贻贝和牡蛎的贝壳内，从它们的鳃上捡拾残余物充饥。当然尺寸并不说明一切。磷虾虽然很小，但却可以以数量取胜，它们总是巨大的一群游在一起，整体称起来有1000万吨重。这些磷虾群大到可以被太空中的卫星辨认出来。它们是许多海洋生物的主要食物，包括鱼、海豹以及巨大的蓝鲸。另外它们可以很快成为你的菜肴——在俄罗斯，捕捉磷虾相当快，但磷虾的烹饪可比听起来要讲究得多。

1. 第一步先捕回一些磷虾，那可不容易，这个最大的群体生活在冰冷的南极海域。

2. 快点加工它，磷虾走味非常快。哇!

3. 给它加些调味料，除了含含糊糊像鱼似的，尝不出更多的味道。

4. 最后但不是最少的，找一些其他食物给蓝鲸吃，一定要确保食物充足……

如果你在等待一顿不太麻烦的午餐，龙虾如何？龙虾是如此美味以至于今天人类已成了它们最可恶的敌人!

龙虾通常是棕色及带斑点的，不过，当厨师把一只龙虾放进滚开的水中后，只6分钟它就变成鲜艳的粉色，这就算是做好可以吃了。很残忍对吗？确实有一位厨师也这样认为，因而他在烹饪龙虾之前会试着摩擦龙虾的背部来催眠它，这样龙虾就没有什么感觉了。

每年秋季，成千上万的美国多刺龙虾会沿着大西洋海底艰苦跋涉几百千米。它们为了安全，排成单行紧紧跟着前面的龙虾日夜兼程地往前急赶。在一起的可以有60多只，并且穿越50千米都不休息。而这令人费解的旅行的目的就是去寻找新鲜的食物供给。当海水温度骤降时就是它们起程的时间了，那时伴随着的还有第一次冬季的暴风。在它们的生命结束在锅里之前，它们还有很长的一段路要走。

地球上的软体动物

软体动物也不是鱼类。它们是像蚌、扇贝、牡蛎、鱿鱼和章鱼这样的生物。与易碎的甲壳类动物相似，许多软体动物都有坚硬的贝壳来保护它们柔软的易烂的身体。但不是所有的软体动物都是这样……

9个多肉的软体动物的真面目

1. 最大的软体动物是大西洋巨型乌贼,它奇长无比,可以长到16米(身长有6米,触须有10米)。难怪它并不真的需要贝壳。

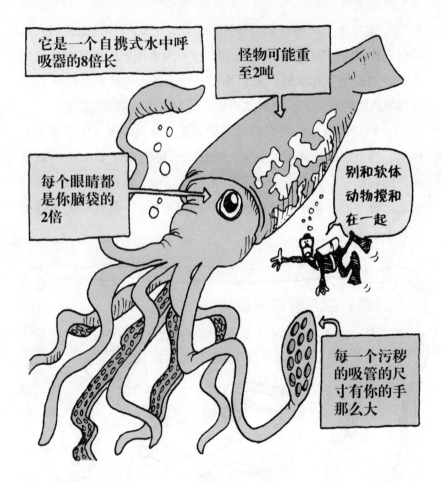

它是一个自携式水中呼吸器的8倍长

怪物可能重至2吨

每个眼睛都是你脑袋的2倍

别和软体动物搅和在一起

每一个污秽的吸管的尺寸有你的手那么大

在过去的日子里,船员们都受到传说中一只海怪的惊吓,它巨大强壮得足以推翻一艘船。单就它的名字就能让船员心惊肉跳。它就是令人胆战心惊的(传说中)挪威海中的海妖。很明显的是它有一块吸管覆盖的触须及一个坚韧而锋利的足以钻透最厚实的横梁的鸟嘴。听起来熟悉吗?海妖实在是太大了而且很强壮,因而有时视力不好的船员会把它误认为是个岛屿,还会登上岸去。有一个迷糊的主教曾将神坛放在海妖的背上，并跪下念诵他的祈祷。天哪！如果真的有海妖存在，这只残忍的野兽会是什么样呢？地理学家们认为那一定是一个巨型的乌贼，这里允许有一定的夸张。

2. 事实上，乌贼是相当敏感的生物，它们的神经比我们人类的粗上100倍。通常它们并不恶劣。唯一为人所知的由乌贼造成死亡的案例就是那起沉船的船员事件。一个巨大的乌贼将惊叫着的船员拽离他的救生艇，从此就再也没见到这名船员的踪影。

3. 讨厌的章鱼和乌贼有紧密的关系。最大的章鱼生活在太平洋里。加上它向外伸展的触须，量起来要超过9米，那正好可以穿过你的起居室。想象一下被章鱼拥抱在怀里！放松点。大多数章鱼是比较小的。最小的章鱼的触须有5厘米长——那比你的小拇指头长不了多少。

地球上令人震惊的事实

打赌你不知道章鱼要比人聪明！在一次实验里，一只章鱼竟学会打开旋转的瓶盖来获取其中的食物！

轻松！小意思！

4. 墨鱼是乌贼另一个亲密的表兄。这些举止温和的软体动物将贝壳穿在里面，这样可以帮助它们漂浮。有时候，你会发现它们冲上沙滩。

它们靠收缩或扩展皮肤上细小的色素细胞，就能在瞬间改变自己的颜色。这可以帮助它们隐蔽起来，或是吸引同伴。如果无处可藏，它们就会向敌人喷出厚厚的黑色墨汁，然后跑掉。真够狡猾的吧？

5. 最大的海贝壳是巨型的蚌，它无所事事地靠在珊瑚礁附近，一些蚌的贝壳相当的宽敞以至于你能跳进去洗一个舒舒服服的澡，忘掉那些关于腿会被夹断的传闻吧——贝壳的两半关闭得非常慢，因此是不会造成任何伤害的。

6. 在涨潮的时候，一个缓慢的蜗牛会用它管状的足吸进水，然后把它当作一个冲浪板，用它骑在浪上寻觅食物。当潮退时，蜗牛就返回岸边将自己埋进沙里。

7. 为了避免被潮水冲走，笠贝会用2000倍于自己体重的力气附着在岩石上。当潮退时，它们以岩石上生长的海藻为食，不停地前后移动就像是个除草机。

8. 几个世纪以来，海贝被当钱来使用，在从前，你可以支付25个宝贝贝壳来买一只鸡，2500个贝壳买一头牛。宝贝贝壳也被当作珠宝首饰、幸运符，甚至是木乃伊的眼睛。在亚洲的一些国家，当一位国王归天后，会把9枚贝壳放进他的嘴里，以供他在另一个世界享用。贵族们可用7枚，而普通老百姓就只能用1枚。

9. 贻贝用短短的黑色细线粘在岩石上，这些细线被称作它们的"胡须"。真正令人感到奇怪的是那些胡须是从它的脚里面挤出来的。还有奇怪的事，意大利人过去收集一丛丛的贻贝胡须，并把它们织进布里，因为那样能使布看起来更漂亮和富有光泽——可能如今仍然有人这样做。

以上这些生物有没有哪个听起来味道诱人呢？你是否想知道哪一个可以入口呢？在拿出你的刀叉之前先试一下老师留下的试题吧。我们可不希望你消化不良，你希望吗？

你能吃它吗？★

试题中的生物都是以某类食物命名的，因为精力充沛的地理学家们认为它们长得就像那些食物。请你的老师看着目录并且让他在认为"是，我愿意吃那个"的时候说"噢"！在他认为"不可能让我碰它"时说"呸"！（即使再危险，有些人照样什么都吃……）

（★ 对不住！不适合素食者或任何对海贝过敏的人。）

1. 海黄瓜

2. 海柠檬

3. 菠萝鱼

4. 海甘蓝

5. 香蕉对虾

6. 卷心菜小虾

7. 梳子果冻

8. 海土豆

9. 海西红柿

10. 豌豆蟹

答案

1. 噢！日本人吃了成吨的这些东西，海黄瓜是小的，形状类似香肠的生物，它属于海星和海胆家族。它们在海底漫游，吸食食物残渣。如果一条饥饿的鱼离它们太近，它们有一套令人印象深刻的手段来保护自己。它们向外伸出一股黏黏的内脏。就像是一串意大利面条紧紧缠绕住那条鱼，然后自己趁机溜走。它们的内脏稍后会再生长出来，没有任何问题。想象一下吧。

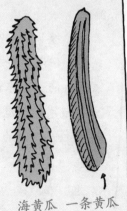

海黄瓜　一条黄瓜

51

2. 呸！这可不在推荐之列。海柠檬是一种海蛞蝓（没壳的海蜗牛）。当它们受到打搅时就会喷出强烈的酸性物质。它们正是因此而得到这个带讽刺意味的名字的。

海柠檬   一片柠檬

3. 噢！菠萝鱼看起来是黄色的而且多刺，就如同一个菠萝，而且你能吃它（那是在日本）！但可别期望它尝起来像水果滋味。另一方面，你可以把它当作是个宠物。它古怪的外表，再有它生长在黑暗中（它的下巴上有两个亮点），那意味着你在最近的水族馆才可能好好看一眼。

菠萝鱼

菠萝块

香蕉对虾

4. 呸！对不起，一条红色鲱鱼。

5. 噢！多数对虾和小虾都能吃，但没有哪种虾尝起来是香蕉味的。在东南亚，香蕉对虾（印度虾，虎虾以及黄虾）被饲养在巨大的"鱼场"里，这些"鱼场"是一些巨大的盐水池，在"鱼场"里人们用特别富有营养的海藻喂养它们以使它们长得更快。

香蕉皮

6. 呸！根本没有这么个东西。你可以找到蚌、清洁工、仙女和泥虾，你甚至还能得到负鼠和硬骨虾，但是你不会找到卷心菜虾米。

一盘漂亮的卷心菜

7. 呸！梳子果冻看起来像一团小小的发亮的球状果冻，它在公海漂来漂去。但它可不是你想象的果冻。"梳子"这个名字来源于它有刺毛的须边，它那果冻状的身体就是靠须边的摇晃来向前推进的。不过，至少梳子果冻不刺人，但它用自己黏黏的触须来抓食。

梳子果冻

果冻和梳子

8. 噢！海土豆是真的海胆，被当作食物在世界上一些地方捕获（和它们的卵）。一些人把它拌在沙拉里吃，但是小心你的手指。海胆被尖锐的、多针的经常是有毒的刺覆盖着，那可以保护它们远离敌人，也包括你呀。海胆还能用它们的刺将自己埋进土里隐藏起来。

海土豆

土豆泥

9. 呸！有海黄瓜和海莴苣，就是没有海西红柿。

10. 噢！但你需要非常多的豌豆蟹来填饱自己。

豌豆蟹　　蟹尿

53

实际上，豌豆蟹并不受一些渔夫的欢迎，它们居住在可食用的贻贝里面，这破坏了渔夫们的捕捞成果。如果到目前为止还没有什么东西刺激你的味蕾，那么尝试一下因纽特人的饮食吧。因纽特人居住在冰雪覆盖的北极。在那里他们用枪和鱼叉猎取海豹、海象和鲸。海豹被公认为是特别的美味，尤其是伴着海雀一起狼吞虎咽时（海雀是生活在北极地区的一种海鸟）。海豹对因纽特人十分重要，事实上海豹已成为因纽特人传统文化的一部分，古老的因纽特人的传奇阐

述了海豹是怎样开始出现在海里的。

海豹是怎样开始生活在海里的——一个关于手指的传说

生为一个女孩从来都不是件容易的事，尤其是当你的父亲时刻在你的身边走来走去时。如果你是海神，那情况就更糟了，背负着那么多的责任，你永远都不会有时间留给你自己。

塞德娜就是海神，她和父亲住在岸上的一座房子里。她既美丽又聪慧（她知道这一点），有许多男子想娶她。但傲慢的塞德娜一概拒绝了他们。后来有一天，一个英俊的猎手划着独木舟，穿着华丽的毛皮衣服来找她。

"跟我来，"他对塞德娜说，"到鸟的王国去，那里没有饥饿，在那里你可以躺在我铺着熊皮的帐篷里，并且你的杯子里将永远都是满满的……"（穿着皮毛的家伙继续说）。

一个女孩怎么能拒绝这样的诱惑呢？塞德娜这辈子还从未见过如此帅的小伙子呢。她该做什么呢？她的心做了一个决定，而她的脑子又做了另一个选择。帅小伙就在一旁等着。突然她下了决心跳进独木舟，于是他们就一起划向那日落的地方。

其实英俊的猎人并不是什么真的猎人，他原来是一只海鸟的灵魂装扮成的一个男人。他疯狂地爱上了塞德娜，无论如何也要把她据为己有，所以他紧紧地闭上他的嘴（或鸟嘴）。当塞德娜最终发现真相时，她一连哭了好几天，她希望自己已经死了。有一天当海鸟外出时，塞德娜的爸爸出现在门口，他是来接塞德娜回家的，不管有没有什么温暖的熊皮。

当海鸟返回家时到处也找不到自己的妻子，大胆的风儿向他透露了这个消息。于是，在他张嘴说"塞德娜回家吧，我也许只是一只小小的海鸟，但是我爱你！"这句话之前，他已经变成人形，跳进独木舟中。他很快便赶上了塞德娜和她的爸爸。他不停地乞求塞德娜跟他回家。

但是塞德娜的父亲把她藏在了小船的底部，不让猎人单独靠近她。

"好吧，"猎人说，"我会向你说明的。"你猜他做了什么？他立刻变回一只海鸟，展开他的翅膀，并且疯狂地叫着，拍动着翅膀来求助于他的幽灵朋友。陡然间，一场猛烈的大风吹来，横扫过海洋。幽灵替海鸟发泄着愤怒。必须有人付出代价。塞德娜可怜的父亲吓得要死。他这一辈子本来就害怕幽灵，现在就更加恐惧了。他知道只有一件事能平息这一切，就是把自己的宝贝女儿奉献给大海。于是他抓起塞德娜并且把她扔出船外！

为了让自己的头露出水面，塞德娜拼命地扒住船舷。但她惊恐万状的父亲是不会接受的。他捡起一把斧子，齐齐地砍下她的手指，这样塞德娜再也无法坚持了。

慢慢地但是无可挽回地，塞德娜沉入波涛之中。令人惊异的是，她的手指竟然存活了下来，并且变成了今天生活在大海里的海豹、鲸和海象。于是暴风开始逐渐淡去，大海恢复了以往的平静，幽灵终于感到满意了。

塞德娜的父亲一路伤心地回到家中，试着把整个事情都抛在脑后。但那天的晚些时候，巨大的浪潮吞没了他以及房子和所有的一切。他被潮水带到了大海的深处，在那里他又遇见了他的女儿。大家都在猜测塞德娜会对他说些什么呢。今天，如果因纽特人想知道他们是否能捕捉到足够的海豹和海象，他们当中就会有一人进入深深的冥想中。用他的心灵之眼，遨游到大海的底部去请求塞德娜赐予他们狩猎成功。有时候她会让你如愿，有时候则不会。

深海中的宝藏

（但要小心那些海盗）

现在我们先暂时忘了那些鱼呀、蟹、软体动物和海豹。海底还有一些其他的东西能派上好的用场。从盐到海藻，从沉船到掉入水中的财宝，从珍珠到稀有金属，大海里满是有价值的东西。有一些很难发现，就拿黄金来说，大量的黄金沉睡在水下——总数大约有700万吨。这足够全世界每个人拥有一大块成色上好的金砖。但要想真得到它就是另外一回事了。有些东西是比较容易获取的。例如石油就是伟大的海洋资源之一……

1. 我们已探测到的石油储量约1/5在海底。我们这里会告诉大家它为什么会在海底，以及我们如何找到它：

a) 千百万年前，大海里满是微小的植物和动物。

b) 当它们死后，尸体就沉到了海床上。

c) 它们被沙和泥层淹埋。

d) 沙和泥土变成了岩石。

e) 岩石将尸体压烂成为厚厚的、黏稠的石油。

f) 直到受到上面坚硬的岩石的挤压，石油才会向上渗出。

g) 几百万年后，出现了一些地质学家——他们的工作就是研究石头。科学家靠仔细地观察海底岩石的结构来推测哪里有石油。聪明吧？

h) 为了确信那里是否有油，人们会先进行钻孔测试。

如果打眼非常幸运，他们会继续干下去，建造一套适当的石油钻井平台及输油管，用输油管将石油从平台抽到陆地上的精炼厂。钻井平台的供给都由船来提供，在平台上有很多人，每个人都有忙不完的工作。

i) 一次不成功的打眼将意味着要返回到步骤 g）重试……一遍

又一遍。这可不太妙。

世界上主要的近海油田分布于中东、美国、中南美洲及北海地区。北海最早于1960年发现石油。于是每天都有令人惊讶的320万桶油被从北海抽了出来；那可值很多钱呀！真是个伟大发现！仅仅一口油井一天采出的油就足够供应70 000辆车用的汽油。

请灌满它们的油箱。

2. 说它珍贵，还因为石油并不是取之不尽用之不竭的，它的储量正在下降。那么我们能做些什么呢？当然，从海洋里还能找到其他的能源。其中一个设想就是用潮汐的能量来发电。有一个叫"海洋热能转换"的组织——说起倒有点绕嘴。你可以简称它为OTEC。科学家的设想是人们可以利用表面温水和深海较寒的水的温差来发电。事实上OTEC的工作已经在夏威夷、日本、佛罗里达及古巴取得了良好的效果。

海藻

是对你有好处
的绿色物质

① 用它在田里施肥。把它平整地密密地展开，它可是难闻的马粪的最佳替代品……虽然它们闻起来很相似！

③ 用它来刷你的牙齿！它的秘密成分是一种叫角叉胶的黏性物质，它使你的牙膏变得更浓。

② 烹饪。海藻富含维生素及矿物质，试试煮点儿海藻并把鸡放在它的上面！

④ 使物品爆炸。没错，海藻含有一种用于制造炸弹的物质。

⑤ 喝它。

如果你已满18岁，它是啤酒中的一种原料。

⑥ 如果你是只海獭，在你漂着睡着时，它可以成为一个完美的锚，不让你在大海里四处乱漂……

61

3. 为什么不给你的海藻加一点儿海盐呢？我们每年要吃掉600万吨海藻呢。在炎热的国家收集盐是很容易的事。你沿着海岸挖一个浅浅的大池子，就叫它盐锅吧。然后等着潮水涌来，海水会将锅填满。之后海水在太阳的照射下会蒸发掉，留在锅里的就剩下一层盐。就这么简单！

4. 用其他方法从海水中提取盐也是行之有效的。在炎热干旱的国家，比如那些环绕着波斯湾的中东国家，那里沿海边有巨大的脱盐厂，海水在脱盐厂里被处理后，盐被提取，留下了清洁的新鲜的饮用水，真棒！

地球上令人震惊的事实

你知道吗？最好的肥料不是海藻或马粪，或在你的玫瑰花附近更臭的陈腐的袋泡茶（真的！），而是无味的海鸟粪！鹈鹕粪便等海鸟粪比马粪肥沃50倍，简直棒极了！无以计数的鹈鹕筑巢于古巴海岸，海鸟粪厚得足以埋掉一匹马。呸！

说到深海里的宝藏，就让我们潜到太平洋底部去看一看吧，那里覆盖着上亿块脏脏的黑色石块。它们被称作锰岩球，在其中一个岩球里面你还将发现铁和铜的存在。它们的形成方式非常奇特，千百万年来，金属层会附着在鲨鱼的牙齿或是沙砾上。它们会从一个高尔夫球那么小的体积开始蓄积到一个足球那么大。而你要做的只是将它们收集起来作为你的财富。最大的问题是怎样收集它们呢？科学家们期望能有那么一台机器，由轮船拉着就像一台巨型真空吸尘器那样把它们全吸起来。我看这个方案可行。

珍珠，珍珠，珍珠

如果你真的想犒赏自己一下，那就赏自己一串珍珠项链吧！珍珠是最珍稀的海洋资源之一。当然，首先你得找到一个受了刺激的牡蛎，为什么呢？噢，牡蛎、蚌及蚝有些时候会被一些讨厌的寄生生物钻入它们的贝壳里。你记得当你后背的中央痒痒不止却总也摸不到时的感觉吗？那一定很烦人。你知道遇上这种事它们会怎么做吗？

a) 靠与一个海胆的毛刺进行摩擦来驱除

b) 靠珍珠母的磨平

c) 不理它，希望一切会自然消失

答案

b) 牡蛎靠珍珠母来磨平刺痒，珍珠母就是那些在它贝壳上闪闪发亮的东西。它简直神了，需要补充的是，它可能要花几年时间，但最终，一点一点地，珍珠母会造就一个闪烁的圆圆的珍珠。

珍珠并不总是白色的，除此之外，它们还可以是粉色的、紫色的、绿色的、灰色的，甚至是黑色的。珍珠尺寸的大小也相差很大。世界上最大的珍珠来自一个超巨大的蚌中，大小就像一个西瓜，但形状类似大脑！有一个奇怪的故事就是讲述这颗珍珠的。

63

故事中那颗珍珠的生命始于2500年前，当时有一个中国的哲学家名叫老子，在蚌壳里放置了一个幸运的符咒物。别问我他为什么这样做。

在蚌里，那颗珍珠开始生长。

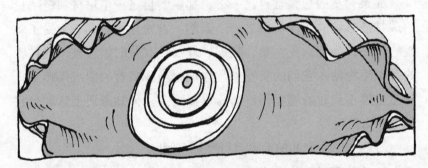

大约在公元1500年，珍珠连同贝壳被台风刮走丢掉了……直到400年后被一名深海潜水员再一次发现。

珍珠被送给了一名穆斯林长老，他又把它卖给了一名美国考古学家。近期珍珠再次被售出，价格是令人惊讶的——2000万英镑！

一颗形状如人脑的珍珠。

一定是一颗智慧之珠。

凡是见过这颗珍珠的人都说，他们看到了佛、孔夫子（另一中国的哲学家）还有老子的真容。

今天，珍珠贸易可是个非常大的买卖。珍珠越大，越圆，越闪亮，越发粉色（那可是最贵的颜色），就越好。但天然珍珠的价格是相当昂贵的，因为从海里得到它们实在不易。过去取珍珠的潜水员是冒着生命危险在工作。它们用的设备是极其简陋的——一个鼻夹，一只篮子和把他们放下水的粗重的绳子。他们没有氧气罐供他们呼吸之用——他们只能潜到无法呼吸的深度为止。太危险了！撬开一个蚌并且察看其中的珍珠，那一定是个奇妙的时刻。但这一切值得你去冒生命的危险吗？更难以置信的是，并不是潜水员拿到了全部的报酬——他们只不过得到了其中很少的一点点。

随着社会上对珍珠需求的增长，一位日本面条销售商的儿子有了一个精明的点子。于是再不用拿生命去冒险了。他发明了"养殖"珍珠。实际发生的事情是这样：

1. 一名牡蛎经营人撬开一只牡蛎……

他真的很擅长干这项工作。

我知道，那可真够烦人的。

2.（通常是蚝）割下贝壳内侧的小片。

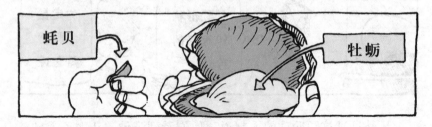

3. 然后关上贝壳，把它放进海里等着。

4. 珍珠母摩擦贝壳。

5. 3年后，贝壳被打开，嘿！里面有颗漂亮的珍珠。

关于牡蛎和珍珠的一些未必靠得住的事实

1. 你的珍珠是真的或是假的？试试这个办法。用你的门牙轻轻地摩擦珍珠。如果感觉像沙砾般的那就是天然的或养殖的珍珠。如果感觉很光滑，很不幸那就是假的。

2. 珍珠粉曾被用在春药中和治疗精神失常。另外有些人认为吃牡蛎可以使你······

a) 更高

b) 更聪明

c) 生病

b) 转告你的老师

3. 在太平洋中采珍珠的潜水员用一种巧妙的办法来驯服鲨鱼，以给自己留出时间来采集珍珠。"亲吻"鲨鱼的鼻子，让它们进入精神恍惚状态。用这种方法对付一条讨厌的老鲨鱼可能不是什么问题。但去亲吻一只虎鲨可能会成为你生命中的最后的大冒险！

4. 牡蛎有时生长在树上，确切地说，那是因为小牡蛎喜欢依附在一些东西上，因此树枝被沉入水中供它们攀附栖身。两三个月后，树枝被捞回。牡蛎则被人为割伤并投进准备沉入海底的桶中。然后你仍要等很久才能得到珍珠。

5. 脏水能使可怜的老牡蛎受到毁坏。在日本，牡蛎必须被有规律地好好清洗以保持它们产出的珍珠是清洁的。

6. 并不是每个牡蛎都可以产出珍珠来。不过，也正是因此珍珠才会使人如此兴奋······

恐怖的公海

与那些传说中的海盗相比，至少牡蛎养殖者是靠诚实劳动生活的。海盗从海洋中获取资源的手段是登上一艘经过的商船，绑架甚至残忍地杀掉船员，搬走一切可能带走的战利品。在人们眼里，他们是疯子、坏蛋和危险分子。但他们并不介意，他们想要金子而且是现在就要。

令老师烦恼的问题

你的老师能装扮成一个不错的海盗吗？那就用这个问题试试你的老师。

海盗

老师，为什么海盗会戴着金耳环呢？

答案

因为海盗们相信金耳环可以提高他们的视力！为什么你的老师也戴着金耳环呢？

关于波尼和瑞得的可怕传说

传说游荡在公海的所有危险的海盗中，最可怕的两个是女人，她们是安妮·波尼和玛丽·瑞得。她们中的任何一个已是很可怕的了，如果在一起那简直是致命的。这里是关于她们的令人毛骨悚然的故事。

在以往的日子里，妇女在海盗船上是不受欢迎的。如果发现有妇女在船上，她们以及任何帮助她们的人会被一齐杀掉。唯一使女人成为海盗的办法就是把自己装扮成男人。这正是我们的女主角们所做的。

玛丽1690年生于英国普利茅斯，少女时代多数时间她都穿着男孩的衣服。为什么？原因是玛丽的祖母不喜欢女孩，而她有许多的钱，玛丽的妈妈想得到其中一份，于是就骗老祖母将钱留给玛丽，所以玛丽就不得不装扮成一个有着玫瑰脸蛋的男孩！

到了14岁时，玛丽再也无法忍受，于是她离家出走。那时她仍旧打扮得像个男人，她加入了军队在法兰德斯、比利时的战斗，后来与一个英俊的士兵相爱了（他看出了她的伪装）。后来她们生活得幸福吗？不，那年轻的士兵染病死了，只给玛丽留下一颗破碎的心。玛丽悲伤地登上了一艘商船出海奔向又冷又湿的加勒比海。

安妮的生活正好与玛丽的相反。她的父亲是一位有钱的爱尔兰律师，教育她要做一个有教养的女孩，那可不是安妮的类型。到了16岁时，她迷上了冒险。于是她出走并嫁给了一位帅气但懦弱的水手，并一起搭上了一艘同样开往加勒比海的海盗船。就在看到船长的一瞬间，她就爱上了那位精神抖擞的船长卡里科·查克·拉赫姆。

卡里科的名字取自于他带条纹的印花棉布裤子——他引以为骄傲和喜悦的东西。他残酷、无情（相当粗鲁），同时所向无敌！于是安妮甩掉了水手丈夫，穿上船上男孩子的衣服加入到无敌的卡里科·查克·拉赫姆及他的船员当中（卡里科认出了她是个女孩但他不打算泄露秘密）。

一天，一艘漂亮的商船向他们驶来。卡里科·查克·拉赫姆大声吼叫"登船"。他是那种话不多的男人。

海盗们劫获了这艘船，并胁迫船上一名荷兰水手，年轻的马克加入他们一伙。很快安妮开始厌倦拉赫姆（和他讨厌的裤子），爱上了神秘的马克。但奇怪的是马克似乎对她没什么兴趣。

没过多久真相就暴露了——马克就是玛丽，而且安妮也不是什么船上的男孩。为了保密，她俩加入了犯罪组织，成为了从南海至太平洋上的最出名的双侠。她们俩是迄今为止拉赫姆手下最勇猛的战士，最擅长于诅咒和发誓。实际上，她们的卑鄙无耻让男人们都汗颜。1720年海盗船最终被掳获，只有玛丽和安妮在甲板上战斗。其余的船员都吓得乱作一团（包括筋疲力尽的拉赫姆）四下逃窜或藏在甲板下面。

噢……我想我把水壶丢落在上面了。

那一刻，他们的运气消失了。他们被捕，并因海盗行为受到审判，被定罪宣布为死刑。卡里科和他的船员们将被绞死。那晚在走上绞架前，安妮去他的牢房看他。

她喊道："如果你能战斗得像一个男人一样，你就不会像条狗似的被吊起来！"

安妮和玛丽最终因为俩人都将生小孩而免予处罚。

在她们的辩护中，她们讲道："上帝，感谢我们的孩子。"她们幸运地逃脱了死刑。玛丽后来死在了监狱里，安妮活了下来，但随即消失得毫无踪迹了，可能过不了多久，她又会再次恋爱了。

海盗行为规则

作为女人，安妮和玛丽已经打破了作为海盗的第一规则。还有许多其他海盗规则。出海前海盗们会手捧圣经（或一把斧子）发誓，你是否能始终坚持这些规则呢？

1. 在决定船只的运行时你将拥有平等的发言权，并且享有平等份额的食物和烈酒（紧急状况除外）。

2. 你会得到一份公平份额的财宝，但如果你从船上偷东西，你就会被流放到荒岛（被留在无名的地方）。如果你偷窃其他人的东西，你会被砍掉耳朵和鼻子，并且被扔到船外。

3. 严禁赌钱。

4. 灯光和火烛在晚8点以后必须熄灭。如果你仍想喝点什么，你可以在黑暗中坐在甲板上。

5. 保持自己的佩剑、弯刀和手枪清洁，以便随时可以投入行动。

6. 妇女绝对禁止留在船上。没有任何例外。

7. 对在战斗中弃船行为的惩罚是死刑或放逐于荒岛。

8. 严格禁止在船上打架。任何争斗将以手枪或剑在岸上进行，方式是……

a) 背靠背站立。

b) 当裁判发话，就转身开火。

71

c）如果两人都错失目标，返回 a）阶段，再用你的弯刀（剑）试一次。

9. 在你得到1000英镑之前，不能离船。（注：受伤可提高你的份额。任何人在执行任务时失去一条胳膊将得到800个硬币，失去一只眼睛是100个硬币。）

10. 可以付钱得到提升。船长和舵手份额拿2份，主要的枪手和水手长拿1.5份，军官1.25份，其他人1份。

今天冒险的海盗们

你可能会认为，那些古代的故事真有趣！嗯，当海盗是份不错的工作。噢，真可悲。你完全错了……所有下面提到的袭击事件都发生在过去10年中，实际上，每年接到的遇袭报告有150件之多，主要发生在亚洲、非洲及南美洲的海域。而真实的数字恐怕是有报告的2倍之多，而且次数还在增长。今天的海盗们关注的是钱、贵重物品和其他可以卖的东西，他们可不介意怎样得到这些东西。鉴于情况严重，国际海洋事务局在马来西亚建立了一个中心来专门监控海盗的行动。中心获取的信息来自于前海盗成员，中心将信息传递给运输公司以警告他们保护自己的货物。不管怎么说，这是个太冒险的买卖，细节将按绝密处理。

海盗袭击——绝密文件

袭击日期: 1992.12

位　置: 印度尼西亚外爪哇海（太平洋）

轮　船: 波尔特玛泽费尔

袭击细节: 武装的海盗晚间登船，船员们仓皇躲藏，所以很快海盗就控制了整条船，同时经过船只没有人理会英国船长发出的SOS求救信号，因为他们都认为赶去实施救援实在太危险了。海盗射杀了船长和大副，抢走了船员们值钱的东西。然后乘一艘快船消失得无影无踪。他们一直没有被捉到。

袭击日期：1993.1

位 置：南中国海（太平洋）

轮 船：东方森林号

袭击细节：轮船经香港开往台湾途中，被30名挥舞着弯刀的海盗拦劫。他们命令船长将船开往夏威夷，并劝说500名中国乘客每人支付10 000美元来换取进入美国的护照以获得更好的生活的机会。但他们什么也没得到。

绝密

在无线电发报员设法向美国海岸警卫队发出警告后，海盗的计划泡汤了。

袭击日期：1992.8

位 置：菲律宾北部吕宋岛（太平洋）

轮 船：世界之桥号

绝密

袭击细节：一伙15人的海盗声称他们是中国海军的成员，用自动步枪向船上开火并命令船长停船。当船长拒绝了他们的请求后，他们再次开火并且向甲板上投掷燃烧弹。不可思议的是，尽管被打出了50个弹洞，轮船还是幸存了下来。要知道船上装了极其易燃的气体、石油和煤油。

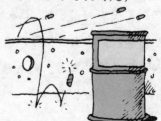

袭击日期：1991.8

位置：马来西亚海岸（太平洋）

轮船：春之星号

袭击细节：25名使用自动步枪武装的海盗抢劫了轮船，开枪打死了船长，随后将他的尸体扔出了船外，他们将船员锁在他们的船舱里整整两天，最后卷走了春之星号上的全部货物——价值1.45亿元的电器产品。后来，这批货物被发现非法地在新加坡售出。

绝密

袭击日期：1995.9

位置：泰国海湾（太平洋）

轮船：安娜·西耶那号

绝密

袭击细节：该船装载着价值270万英镑的糖，自曼谷开往马尼拉途中，遭遇了抢劫。当时刚过午夜，30名武装蒙面的男人劫持了轮船。受惊的船员被丢进了小舢板，没有留给他们任何供给（船员们后来被越南渔民救起）。海盗们重新油漆了轮船并重新命名它为北极海号。接下来他们航行到中国卖掉了他们抢的糖。到了9月，船被追到，所有海盗成员被一网打尽。

的确，在这些袭击中一些海盗逃脱了，但不是所有的。

当今的海盗应该特别小心。有一位海盗被捕就是因为他把手机落在了他刚刚抢劫的船上，警察打了几个电话就设法把他和他的团伙一网打尽了。

当然，不论是在古代或现代，所有这些大胆的行为没有了轮船是不可能的。因此，全体登船，我的水手们。我们下一个惊险的航程开始了。

航海历程

　　没有轮船，我们会在地球的什么地方呢？待在家里，或者待在又高又干旱的地方？几个世纪以来，人们一直在使用船只捕鱼、探索世界、开展贸易和进行冒险，甚至掠夺、抢劫和征服都离不开它们。

　　没有帆船和舢板，哥伦布也不会发现美洲大陆，不会制作出"泰坦尼克"这部电影。你也将永远吃不到一包薯片（土豆是靠轮船在16世纪由南美输往世界各地的）。最初的船只，如简单的独木舟是手工制作的，主要用来穿越溪流。从那以后，为了航行到更远的地方，船被做得更大、更好、更结实。这里是一些创造了历史的船只。

船只溅起了一个大浪花

　　公元前7000年。第一条船造于荷兰，是由一块松树圆木制成的，有些较真的地理学家认为那根本称不上是船，那他们觉得是什么呢？

古时棺材？　　古时的雪橇？　　古时煮饭的锅？

喂！

以上三种都有人赞同，他们无法最终确定！

怎样造一艘独木舟

你需要什么：

一段树干（越直越好）

一把斧子

一些厚木板

耐心

做些什么：

1. 把树砍倒（不过先要得到允许）。

2. 用你的斧子挖空树干。

3. 把它翻过来放在火上烤，这样可以拓宽内部，好让你能坐进去（你可能需要一些帮助）。

4. 放几块厚木板在里面当座位。

谁会像两块木板那么厚?

5. 开始划桨!

公元前3000年。古埃及人发明了帆,帆是方形的由芦苇制成。

聪明的古埃及人

公元前2300年。古埃及人开始建造船队。他们让船队去执行一些远征及探险任务,如:攻克新的陆地,从事奢华用品的贸易,像雪松木。

公元前333年。我们听说，伟大的亚历山大大帝曾坐进一个玻璃桶里探索爱琴海的深度。

公元800年。北欧海盗建造了长船。它们是很长、很细的战船。用于进行出其不意的攻击时，它们的速度是超快的，在河上航行它们是超轻的。这将意味着北欧海盗能比以往攻占更多的地方。为了震慑他们的敌人，他们给船起了很可怕的名字像"长蛇"或"风中的黑乌鸦"，并把相貌凶恶的龙刻在船的前面。

公元900年。中国人发明了有几面竖帆的船，代替了一面帆的船。这样他们可以走得更快，他们还发明了方向舵来控制船的航向。

1400年。三桅的帆船建于欧洲，它有更多的帆。这些船走得更远、更快。

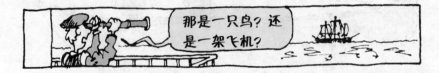

1620年。荷兰的科内利乌斯·冯·德雷贝尔第一个建造了潜水艇。基本上来说，那是一个用皮子覆盖的木桶。他把船划进了

伦敦的泰晤士河，潜到了水下。

1783年。法国贵族乔弗罗德·阿巴斯侯爵发明了蒸汽船。在以后的100年里，蒸汽动力统治着海洋。

我们真是一路上热气腾腾的!

1820年。美国人建造了快船，用于运载茶叶和羊毛，这些船之所以被称作快船是因它们大大缩短了航行时间。

让船保持直线行驶，否则你的耳朵周围会被剪掉!

1885年。第一艘油轮下水了。今天的超级油轮是海上漂浮着的巨大轮船，一个超大的原油运输船可以盛载500 000吨的原油。

地球上令人震惊的事实

　　1996年2月，一艘名叫"海上女皇"的小油轮在威尔士附近的海岸搁浅了，致命的72 500吨原油渗漏到周围的海水中，1300平方千米的海面全都被覆盖上了脏脏的黏稠物质，并且污染了3200千米的海岸线，致使成千的鸟类、鱼及海豹死亡。清理这些污秽要花掉很多年。

1955年。世界上第一艘核动力潜艇USS鹦鹉螺号创建于美国。在最初的两年里，它航行了99 800千米都没有更换燃料。1958年它成为第一艘到达北极的船（在冰下航行到那里）。

1955年。英国发明家克里斯多芬·库克尔发明了气垫船，一天当他把咖啡罐，一些猫食，一个小的真空吸尘器还有一些尺子弄得乱七八糟时。真的，就在那时，他脑子里出现了这个点子。

1960年。第一艘ROVs（无人远距离操作的交通工具）下海了。它是用来进行深海探测的。

1990年。海猫是世界上最大的双体船，它有两个船体，在英国下水，速度比一般的游客渡船快上两倍。

所有那些船有的向前开，有的向后开，很容易莫名其妙地撞在一起。英国的多佛海峡就很拥挤。船只需要按规定航线航行，就像汽车行驶在高速公路上。但是无论如何细致地设计轮船和计划航道，意外事件还是会发生。这个故事你可能以前听说过……

下沉的感觉——可怕的超级邮轮泰坦尼克号的故事

时间向前追溯到……

1912年4月14号夜晚，泰坦尼克号船上一切都静悄悄的，这是一艘有史以来建造过的最大最豪华的轮船。轮船正从南安普敦开往纽约，中间要穿越大西洋，有2201人在船上，那天是她的处女航的第4天。当时有一名乘客询问安全问题。

女士，即使是上帝本人也不能让船沉没！

没人有理由怀疑它，泰坦尼克是由最好的钢制造的，费用上一点也没有节约。它有260米长，9层甲板高，比一个10层的建筑还高。它有4个巨型烟囱，每一个宽得都可以穿过一列火车。它有3个巨大的锚，每一个都差不多是8辆汽车的重量。从来没有过这么好的一艘船。

在1912年4月10日，星期三，中午时分，泰坦尼克号庄严地从南安普敦港中驶出。

83

　　一个铜管乐队奏着乐，喜悦的人群在码头上向驶出的巨轮挥手致意。它的乘客们，有些是世界上最富有的人，安顿好后便开始准备好好享受一切——船上有泳池、羽毛球场、棕榈树花园、土耳其浴池、台球室、为业余摄影师准备的暗室……只要你说得出来的，船上都有。泰坦尼克上拥有一切。4天惬意的旅行，看不出有什么不对之处。

　　然而，突然间，在星期日（4月14日），一切都变得特别的糟……

星期日，4月14日

　　这一天，天气越来越糟，泰坦尼克从其他船只那里接到了37次冰情的警告。

　　晚间11:40。瞭望员报告一座冰山横在了前面。船用力向左移动试图避开它。但它行动得太晚了，冰山削到了船的右侧，船体被划开了一个大口子。头等舱的乘客都注意到了那烦人的噪声和轻微的摇晃，大多数乘客都还在睡觉。但是在底层甲板上，那可是另一番景象……

　　11:50。水涌进了船前部，而且还在上升。大船慢慢地颤抖着停了下来。

星期一，4月15日

午夜12:00。海难已不可避免了。无线电已发出了求救信号。船长下令放下救生船，遗憾的是泰坦尼克上的救生船只够一半的乘客和船员使用。

午夜12:25。情况变得更糟了，女人和孩子被命令首先放进了救生船，男人们留在甲板上，向他们的爱人挥手告别。一些女人拒绝离开他们的丈夫，当一艘船的灯光进入人们的视线时，人们又燃起了希望，但是船掉头开走了。就好像从没见到过。

午夜12:35。约80千米以外的其他两艘船卡帕提亚号和蒙坦普号接到了求救信号全速开来。

午夜12:45。第一艘救生艇被放下，艇中还没有坐满一半。8枚悲壮的烟花被发射到夜空中。

午夜1:00—2:00。更多的救生船被放入水中，泰坦尼克号已开始倾斜了。几百人仍留在船上，船上的乐队奏起了欢快的曲子来激励人们。

午夜2:17。船长下令弃船。

午夜2:18。船的灯光再次闪烁，然后熄灭了。

两分钟后——午夜2:20 。泰坦尼克号开始下沉了……

凌晨4:00。卡帕提亚号最终到达了泰坦尼克号出事地点，700名救生船上的乘客获救。漂浮的穿着救生衣的许多人已冻死在冰海中。共有1490人死于这次灾难。

关于泰坦尼克号下沉的一些原因：

1. 它撞上了一座冰山。四月的北大西洋，冰山和冰块对船只来说是众所周知的危险。使泰坦尼克号沉没的冰山露出的部分既小又黑，有7 / 8 藏在水面以下。在人们可以看清的那一刻，已经太晚了。

2. 尽管收到了7次冰山警告，但泰坦尼克号仍一路全速行驶。在这种环境的冰海上，这实在是太快了。

3. 建造者声称船是耐水的，因为它有一个双层底部且15个防水间隔组成了甲板下层的区域。理论上，如果3或4个间隔被水浸入，泰坦尼克号仍能漂浮。但事件发生时，水一下涌进了前5个间隔舱，然后又溢进了其他舱，所以船的沉没是注定的。

4. 是不是剧烈的碰撞引起了船上煤舱的大面积爆炸，从而在船的一侧炸出了一个洞呢？（泰坦尼克是一艘蒸汽船，动力来源于煤。）有一些专家是这样想的。奇怪的是，船只离开南安普敦时就已点燃了其中一个煤舱。

5. 还有更奇怪的，一些人责怪一具被运往美国的埃及木乃伊，它的绰号叫"远洋船破坏者"，据说是带有诅咒的，传闻是如此的，就在船长下令弃船的一刻，木乃伊出现在甲板上。见鬼了。

地球上令人震惊的事实

有许多迷信让人们相信会引起沉船。比如，你不可以让船在星期五下水。据说那是一星期中最差的一天，因为耶稣基督在那一天被钉在了十字架上。19世纪，英国海军决心从此结束这荒谬的说法。一个星期五他们的轮船星期五号下水了，且由一位叫弗里德（与星期五谐音）的船长来指挥。猜猜结果如何？它沉没得毫无踪迹！

为什么我们的船长不叫万斯德（与星期三谐音）呢？

无论导致泰坦尼克号悲剧的原因是什么，海上航行都不会再和从前一样了。从那时起，安全就成了第一要素，法律规定船上必须为每一个人配备救生衣，紧急和安全性演习也加强了。瞭望者必须进行定期的视力测试。防水舱壁现在已向上延伸至气象舱。在北大西洋建立了国际冰体巡逻队来向船只预警。从此没人再敢声称哪一艘船永远不会沉没。他们再也不敢了。

你能适应一个水手的生活吗？

那些不得不驾驶这些船的人们会怎样呢？你也许认为自己的生活很糟糕，这么多的功课要做，还有兜里只有很少的零花钱。情况真的糟糕到一定要去出海吗？数数在过去当你还不是一名水手的那些日子里你得到过多少幸运星。下面的例子会让你知道，你可能会有一顿什么样的晚餐。

在今天发霉的菜单上……

草草地翻译出来就是……

主菜：

葡萄干饼干及咸肉

罐装肉或罐头肉布丁

配菜：

罐装西红柿及黑麦（黑麦被从炭火中取出来就像是从煮菜的锅中盛出来一样。根本没人介意这样把它捡出来。）

甜点：

葡萄干布丁

或破碎的饼干（和着一些奇怪的象鼻虫——那是一种小小的，令人毛骨悚然的东西，被碾成了末用来调味。）

朗姆酒配给

水手们每天都期待着配给他们的掺水烈酒（朗姆酒和水），这一点也不奇怪，因为他们需要用它来清洗自己的宝贝脑袋！

病得像只海狗

如果食物还可以接受，那么让你难受的就该是晕船了。即使是最有经验的老海员都会晕船的。这其中有英国最著名的水手霍雷肖·路德·尼尔森。在他最初航海的日子里，他甚至从头至尾晕了几个月。30年后他仍会晕船（他也经历过黄热病、坏血病、疟疾及沮丧，但那是另外的故事了……）。导致晕船的原因是船的摇晃状态，这样摇摆扰乱了你的身体平衡，并使你头脑变得不清楚，这一切都让你感觉是病了。有什么治疗办法吗？噢，好像有几种。但许多方法试过以后都失败了。向前笔直地盯着地平线可能有所帮助。或者你可以佩戴一个晕船表带。皮带上的绿色按钮正对着手腕上的某个敏感位置，按下去让你感觉舒服些。不过，那只是些理论……遗憾的是许多方法只会让你沉沉入睡。呼！呼！呼！

英国发明家亨利·贝瑟默先生想出了一个绝妙的主意来对付在穿越海峡时的晕船病，他设计了一个"摇摆沙龙"，以中央支点来保持平衡，这意味着不论船如何摇动、翻滚，"沙龙"仍可以待在一个平的龙骨上。亨利先生天生晕船，他希望从此能结束那种状态。不幸的是这个"沙龙"使摇摆的程度更加厉害了，连那些从不晕船的人都开始晕船了！

干得好，亨利，连船长都想离开了！

地球上令人震惊的事实

如果你无法适应并最终死在海上，至少你可以享受一次欢乐美好的送别。首先你被人用帆布裹尸缝了起来，最后一针会穿过你的鼻子以确定你真的死了！你被举起然后开始放下，最后你被抛出船外！如果你够幸运，接下来，你的灵魂会变成海鸥，飞到虚幻的绿野去，那是水手的天堂。在那儿你有吃有喝，并且因为心灵得到满足而喜悦。

可怕的食物及晕船听起来已够糟的了，一名水手还遇见过更惨的……

木筏上的漂流

想象一下一个人在海上流浪，身边只有一只海鸥做伴，相信你很快就会变得孤独和疲倦。第一个星期就已经够糟了，但到了第10周时你会做些什么呢？或是第19周？有一个年轻的水手恰恰有着这样的体验，水手名叫潘·利姆，他被公认为历史上最伟大的海难幸存者。下面就是关于他的真实故事……

1942年11月23日，英国商船本·拉蒙号在大西洋被德国潜艇的鱼雷击中。当时正值第二次世界大战，潘·利姆25岁，是船上的二等乘务员。他是那次攻击中唯一的幸存者。一开始日子就糟透了，但后来情况更糟。船只下沉之前，潘·利姆意识到他必须有所行动，并且要很快，于是他抓起了一些补给爬上了一个救生筏。救生筏上的那些食物和水是够50天用的。即使在他认为最沮丧的梦里，潘·利姆也没有想过他会待在筏上超过51天或52天。

但是50天后，他还待在筏上。在他的食物消耗殆尽后，他只有靠他的智慧来生存了。他取下了电筒上的弹簧并把它做成了鱼钩。

然后他拿起一些饼干屑，调成糨糊来作为诱饵，开始捕鱼了。鱼到处都是，不幸的是几乎3个月，潘·利姆只是靠吃生鱼为生（和偶尔飞过的海鸥），靠雨水来清洗。

有好几次，潘·利姆几乎都可以获救了。是几乎，但不是真的。最后在1943年4月5日，在巴西海岸，他被一艘渔船救起。他一共在筏上待了133天，那是一个从没有人打破的纪录。不可思议的是，经历了那一切，他竟然仅患了一点胃疼的毛病，除此之外，毫发无伤。为了表彰他执着不屈的勇气，潘·利姆被授予了英国帝国勋章。

但后来，过了些时候，当潘·利姆申请加入美国海军时，他却落选了。你知道是为什么吗？

a) 因为他不会游泳。

b) 因为他晕船。

c) 因为他有平足。

答案

　　信或不信，答案是c。潘·利姆今天可能仍有这个毛病。当你加入现代海军，你必须先通过全身健康检查来证明你是适合而且健康的。然后，如果你有一双平足你仍会落选（或者是色盲）。

你具备参加海军的条件吗?

　　想象过在浪尖上的生活吗？好的消息是今天的海军生活可不像从前那么苛刻（虽然一些海员可能会抱怨食物还是很差）。坏消息是，想加入海军，你必须通过一些讨厌的船员测试……

第1阶段，你会合乎要求吗?

　　回答下列提问——最好要诚实！你是否：

　　a) 18岁以上（如果你仅12岁，那么你需要等等，如果你是16或17岁，须得到父母的同意）。

　　b) 身体条件适合？（你很快会变得更合适）

　　c) 乐于学习？（如果你加入海军只是因为你想逃离学校，忘了吧，8周的艰苦训练将会把你踢出你的新职业。）

我能讲一句话吗？彼得森。

d) 受过良好的教育？（嗯，如不确定问一下老师。）

e) 能游泳？（显而易见的理由！）

f) 擅长熨衣服？（你必须赶快学会。你的装备要按规定要求摆放，并随时接受检查。）

g）乐于团队作业？（你将会在很长时间内和一群人待在一起——不只是在白天，晚上你们还要睡在同一个房间里。）

如果你在回答中用"是"回答了多数问题，就请进入第二阶段吧。如果多数是"否"，好吧，你被除名了，现在可以跳到本章节的最后了。

第2阶段：你够聪明吗？

想想自己是否天生就适合海员的生活，就请你回答一下这些真实的海军入伍的测试吧，但请快些，你现在有15秒钟来回答问题1和2，用30秒回答问题3。开始计时了。

① 单词被按照章节记在一页页纸上而最终成为以下的那一种……

a)	b)	c)
行	诗	阅读

d)	e)
书	章节

93

下面该是哪一个图形？

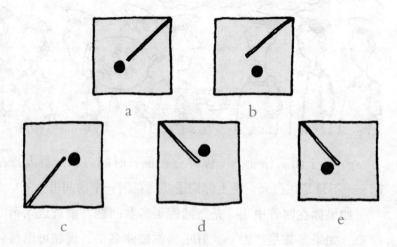

a   b

c   d   e

3 8571−586 是多少？（不允许用计算器）

A) 7995   B) 8015

C) 7985   D) 8085   E) 7085

94

1. d)；2. d)；3. c)

如果你的回答有2个以上是正确的，就请到下一个阶段吧。如果只有一个正确或是更少的话，你也可以跳到本章最后了。

第3阶段：你有一些肌肉吗？

好吧，你不必非得是什么环球先生或环球小姐，但如果你是那种想尽办法逃脱体育课的人，我想你是选择了错误的职业。操场上的训练、健身房的练习、穿越乡间的跑步、攻击训练，只是那些让你筋疲力尽的练习中的一部分。期望你能喜欢上这些。

你也将需要一次彻底的全身检查。如果你有以下问题，你可能会失败：

但这将取决于你想做什么样的工作？（看下面）。

例如，良好的视力是一名飞行员的必要条件，这显而易见。

你减肥了吗？那么恭喜了！你通过了！这是8周训练的结果。但这可和在学校有些不同。你的课表里包括了学习如何给绳子打结（或弯曲及猛拉，当在航行中需要时）；怎样精确地航行（可没有像看的那么容易）；怎么使你的装备保持洁净（你不能将你的妈妈带在身边）。

　　如果你能通过所有测试，那你就可以开始"航行"了。训练
会教你如何做某一项特别的工作。你可以从下面的选项中挑选你
的工作：

训练可能会持续几周甚至是几年，一旦你通过了，你就可以参与行动了！啊⋯⋯你是否意识到作为一名海军成员，如果遇上了战争，你可就麻烦了。还想加入吗？

如果你是一个热爱土地的懒骨头，得了严重的晕船病感到十分的恐惧又该怎么办呢？噢，你有很多同伴。有很多人和我们一样都对海上生活不感兴趣，也许你更愿意读一些有关冒险和探秘的书作为替代品吧？好了，打起精神来，你就要去会会一些在整个航海的历史中最伟大的科学家了。

恼人的探险

　　几千年来，无畏的探险家们不断出海探险。一些人怀揣着远大的抱负，如发现新大陆或新的贸易地。而其他一些人则不知道他们要去向哪里。他们只是简单地跟着感觉走。

勇敢的玻利尼西亚人

　　勇敢的玻利尼西亚人早在2000年前就开始探索辽阔的太平洋了，在人们还没有听说过太平洋之前，他们就在挖好的独木舟上装满人、植物和动物出发去寻找可以生活的新的岛屿，这包括了新西兰以及较东部的一些岛屿，还有夏威夷群岛，但只命名了其中很少一部分。玻利尼西亚人是天生的水手，他们非常精明。虽然没有海图、罗盘、望远镜和其他的现代设备来帮助他们航行，但他们会跟随太阳、星星、云和神秘的一捆捆的……棍子！说实在的，这些棍子地图实在无法让人相信它是有用的。它们被用来教导少壮的水手发现没有见过的大陆。甚至是从150千米以外。

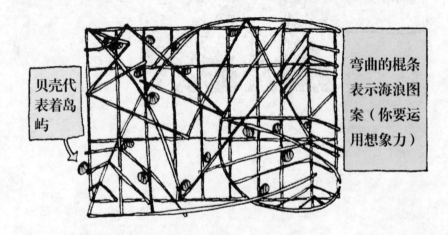

贝壳代表着岛屿

弯曲的棍条表示海浪图案（你要运用想象力）

勇敢的埃及人

在大约公元前600年，埃及的法老尼可二世想到了一个绝妙的点子。这个点子可不是指建造一条穿越沙漠连接红海和地中海的运河——这个主意一直等到1859年苏伊士运河建成才如愿，苏伊士运河缩短了几千千米的航程。法老的想法是绕行非洲一圈，从埃及的东海岸回到北部。这个想法不错，但他根本不知道非洲有多大！况且他自己也无法实现，否则国家他是统治还是不统治呢。于是他从附近的玻利尼西亚雇用了一些水手驾驶他的船来完成这次航行。没过多久，水手们就后悔了，他们真希望自己从未听说过讨厌的法老和他的破烂儿计划。经过令人疲惫的一年时间他们沿非洲的东海岸向下航行，又花了一年沿着西海岸向上航行——来回航程有25 000千米。而当他们回来时，竟然没人相信他们真的实现了这一壮举！

两年时间没有一张明信片，你们应该做得更好些！

疾速环绕地球的希腊人

不过，上面提到的玻利尼西亚人并不是唯一觉得郁闷的人。派西斯——这位希腊的探险家，当他结束北大西洋的航行返回时，也没有人相信他。当他讲到他看见了覆盖着冰的海时，人们都取笑他，并窃笑着说："别发疯了。""你根本没法从海里找到冰。"（泰坦尼克有过一点失误！）那年是公元前304年。可怜的派西斯，更糟的是也没人相信他曾绕着不列颠岛航行。

虽然他描述那是"极其寒冷的天气"！他用了他的整个余生来设法使人们相信他的话。

到底谁发现了美洲?

1492年，哥伦布从西班牙出航发现了美洲。人们曾警告他，他会从世界的边缘坠下去，或是被海里的怪物吃掉。其实，哥伦布的本意并不是去发现美洲，而是去寻觅另一条通向亚洲的路线，他非常坚信他会找到一条线路（实际上他算错了地球的尺寸，只有实际的四分之一，他当然不会接受海底扩张的理论。他知道那个吗）。

他甚至要求他的船员发誓同意他的说法，要说那美洲即是亚洲，否则舌头会被割掉！

一些可恶的地理学家也同意哥伦布的看法。他们也不认为哥伦布发现了美洲。实际上他们又联系了其他持反对意见的人们。这些人包括……

哥伦布很幸运——反对他的人没能找到让人信服的证据。看起来哥伦布一定非常高兴。于是，每当哥伦布发现了新的陆地就以朋友的名字来命名。比如：亚美利加、维斯普西、意大利领航员、水手和腌菜商，他的朋友们一定很高兴。

1519年，另一名杰出的探险家费迪南德·麦哲伦也梦想着环游世界。在此之前从未有人尝试过！他能做到吗？读下去，你就会知道……

举世瞩目的探险
费迪南德·麦哲伦（1480—1521）公海上的艰辛

1. 西班牙，1519年8月。在5艘不错的船以及混杂的280名形形色色船员的伴随下，麦哲伦开始了他生命的旅程。

2. 大西洋，1519年8月至12月。轮船向西航行，除了存货和补给，他们还携带了成千的梳子、镜子、小铜铃和鱼钩来进行贸易以换取食物和安全航线的通行权。

3. 里约热内卢，1519年12月。他们在里约热内卢停了两周，在那里水手们受到了像对待上帝一般的礼遇。为此，他们不想离开。

4. 1520年12月。由于几周的环游后没看见任何地方，他们决定——是返回里约热内卢小憩？还是向南航行到南部海洋，再向西进？麦哲伦进行投票表决的结果是继续向南航行。那不是一个非常受欢迎的决定。

5. 沿着南美洲海岸，1520年3月。经过了又一个月寒冷的天气及暴风雨，事情变得更糟了。3艘船叛乱了，麦哲伦将其中两艘船的头目斩首了，将另一名放逐于荒岛上。那样可以教育一下他。

6. 进一步沿着南美洲海岸前进，1520年10月，失去一艘船，另一艘带着1/3的补给逃之夭夭。

7. 在南美洲的尖端，1520年10月。麦哲伦发现了一条连接大西洋和危险的太平洋的海峡。他称之为麦哲伦海峡——真头疼！队伍用了38天才穿过海峡。

8. 太平洋，1520年10月—1521年3月。事情变得更坏了。已经好几个月没见到陆地了，水手们染上了坏血病★，又饥又渴。

★ 注：因不食绿色食物而引起的疾病，看看这个！

9. 菲律宾，1521年3月。终于见到陆地了。那是疯狂的老麦哲伦最后的经历了。麦哲伦因为探听地方战争而被捉并处死。一艘船被抛弃，剩下两艘船继续前行。

10. 摩鹿加群岛，1521年11月。在著名的香料岛（印度尼西亚），帆船装满了珍贵的丁香。灾难随之降临——一只船破裂并下沉了。

11. 印度洋，1521年12月—1522年7月。第5只船也就是最后一艘船维多利亚号继续前行。它的船长是胡安·塞巴斯蒂安·德尔·卡诺，一个前叛变者。条件非常艰苦，因为炎热食物变质了，水也变成了黄色，满是浮渣，船的桅杆也被暴风雨折断了。

12. 西班牙，1522年9月。漫长的3年，经过94 000千米后，当维多利亚号终于艰难地回到了家乡时，它已完全是一具残骸了。原来出发时的280名船员，也只有18人得以生还并将他们的故事告诉后人。至少他们可以夸耀自己是最早环游地球的人。

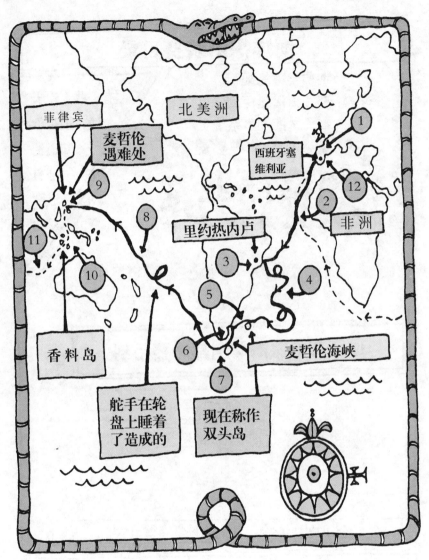

探险家的最后配备——存货不多时快补充！

现代的探险家比以前考虑得更多，但他们不用自己做什么艰苦工作。噢，有时他们甚至连双脚都不会弄湿，因为他们拥有许多现代化设备来辅助他们。继续吧，让你自己休息一下吧，会一会格洛丽亚、杰森、凯科那帮家伙吧。看看这些广告。

海洋探测装备目录

地质学家的远距离倾斜潜艇探测器（深海勘察系统）

格洛丽亚

有一些人说大话，但是你知道他是有道理的

很难绘制一幅海底地图吗？
在寻找海底的石油、天然气、鱼群时遇到困难了吗？

你所有的深海探测都需要用到

8m

格洛丽亚配有最新式的长距离扫描声呐。

扫描

10个用户中有8个说他们的科学家很喜欢它。

想知道遭遇海难的泰坦尼克号现在是什么样吗？

精彩绝伦

快来看这个精彩录像节目！

泰坦尼克号内部的故事

最后存货，买一份吧！

将一个真实的沉船世界带进你的房间里！

坐在椅子里你就能发现……

新

最新上市

应用最新的深海探测技术，带给你这些令人惊异的照片。

小杰森

一个漫游的机器人。

杰森远距离操作工具

使用说明：从小杰森中取出录像带并放进你的录像机中，非常简便！

本周特别奉献

深海飞行1号

广受欢迎的单人潜水器

（袖珍潜艇）

本月购买可获赠一双时髦的二手噼啪鞋

没有船舱的潜艇

详情请看下页 ➡

乘坐深海飞行1号你不仅可以在水面掠过，你还可以在水下1000米深处"飞行"……

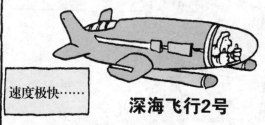

操作说明：很简单，坐进去，系上带子，打开开关……现在你可以走了！

速度极快……

深海飞行2号

能够潜到比以往下潜到的最深处还要深10倍的地方，触及深海版图中从未标记过的地方。

新的 来自 **日本**

凯科

我们很荣幸地向您介绍我们王牌的机器人探测器。它下潜10 911.4米到黑暗的马里亚纳海沟（距里雅斯德号的世界纪录仅差60厘米）。

这架令人惊讶的机器有3种颜色，及一架黑白录像机，一台电视摄像机及一台静态照相机。

使用说明：简单地将凯科绑在发射架上（包括电缆），然后将发射架放在船上，下水！数据会由电缆传送到船上。

凯科——保证让您满意——否则退款（全部售价3500万英镑）！

约书亚·斯洛库姆——独自前行

有一个男人早就认识到这些现代化设备太有用了，他就是第一个独自驾船环游世界的约书亚·斯洛库姆（他甚至不会游泳）。下面就是他本人的冒险日记：

珍藏的日记……

1895年4月24日，美国罗德岛

　　最后，经过几个月艰苦工作，靠着强烈的愿望和我忠实的老伙伴——可爱的单桅帆船斯普瑞号，我终于起航了。

　　我还记得看见她的第一天，她还只是地上的一堆废料。可没多久她就如梦一般航行于大海之上了……我在哪里？噢是的，几个月的艰苦工作后，我和斯普瑞号起航了……

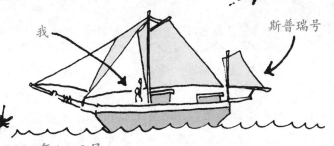

我

斯普瑞号

1896年1—2月

　　已经有一段时间没写什么了，但是情况让人越来越兴奋，我待在布宜诺斯艾利斯（阿根廷）很长时间，让可怜的老斯普瑞号再储备一些东西，同时也进行一下整修。

然后，我驶向了麦哲伦海峡。这是什么样的一次旅行啊！必须一次又一次地和风暴作战，那些浪啊你从未见过，还有看那雷电的色彩，我想我都经历了。

我想说，当暴风雨像大炮一样射来时我只能暂时停止航行并封上舱门。

但斯普瑞的表现还不错，那才是我的最爱！在2月11日我进入了海峡，3天后在智利抛锚好好休息了一下。那里的人们真可爱，礼物上系着奇怪的线。当5天后我准备离开时，他们带来了许多饼干，熏肉，一个罗盘和几包……

大头钉！

1896年2月20日（我的生日）

52岁了，没蛋糕，没礼物，除了那些大头钉。又过了一些时候，我发誓再也不想看见海盗了。他们是讨厌的卑鄙的家伙！几个月来我已两次遭到袭击了！难道是为了大头钉？老天知道我现在是在哪儿。晚上睡觉前我会很小心地把大头钉撒在甲板上，午夜时痛苦的号叫声把我惊醒了，接着我见到了一个大胡子的畜生厚颜无耻地站在我面前，他就是黑胡子——海峡地区正在通缉的罪犯。眼下他可能觉得自己又壮，又狠，又奸，但我一点也不怕他，一点也不，我用枪指着他（他真的很讨厌）冷笑着，他跑掉了！

　　　　　　　　　第二天，他又来了，想借我的枪去射鸟儿。

　　　　　　　　　我像是刚出生的乳臭未干的小儿吗？作为替代品，我给了他一把刀让他自己去挖独木舟。接下来，坐下吃一碗热腾腾的炖肉。经过艰苦的一天后没什么比一份热烘烘的食物更让人

满意了……

1896年4—5月

　　有黑胡子老是跟在身后，事情就好不到哪儿去。天气开始变暖了，我在胡安·费南德斯岛度过了2周快乐的时光。当我靠岸时，一些当地人上船来玩，他们很饥饿，于是我为他们准备了咖啡及多纳圈，多纳圈很受欢迎，我就教当地人怎样烤制它。那里真是一个令人开心的地方。

6个月后

　　我不应该说许多的暴风雨和凄惨的航行事件来烦你，虽然两者的确都很多。越过太平洋和印度洋后，我们在圣海伦娜岛上（在南大西洋）过了几天，那里的长官待我就像对待一个失散多年的朋友。在我要离开时，他要送我一件礼物来 山羊
陪伴我，说着便牵给我……

　　这可比海盗或暴风雨还糟。

这家伙咬烂绳子和我最喜欢的太阳帽，还

吃了我的海图，简直不给我一分钟的安宁。几周后，当我到达天堂岛时，我把这可恶的家伙扔下，继续一个人前进，真开心呀！

欢呼！

还在嚼着

1898年7月3日

旅行结束，经过漫长的3年时间及140 028千米旅程，斯普瑞和我回家了。我现在该做些什么呢，我一点主意也没有。

当然了，饲养山羊不在考虑之内。

也许我会写一本书……

约书亚·斯洛库姆

约书亚·斯洛库姆描述亲身经历过的著作《独自环游世界》成为了最畅销的图书。在此后的10年里他都致力于著书和演讲。人们经常问他为什么会成为独自环球航行第一人，他一直也不知如何回答。1909年，他又一次出发，计划航行到亚马孙河，但是他再也没有回来。

潜入深海

　　如果你也想自己探索大海，最好的办法是去潜水，对于初学者们我建议穿着鳍状肢，带着通气管从基础学起。要是和一条鱼面对面千万别晕倒，要知道它可能更怕你。

　　除了探险，我们这些潜水员也会调查沉船，寻找沉没的财宝，进行记录和测量，观察海洋生物。并做很多高精度的工作，像修理老的油井。但是问题在于，屏气潜水最久的人也不过只能坚持2分45秒，再长时间，你的大脑就会缺氧，所以你也就只能往下潜几米深。

　　要想潜得更深些，你需要携带空气补给装置。我们将水中呼吸器捆在背上，并通过一根吸管呼吸。顺便提一下，作为一名潜水员，你首先需要接受培训，你不能只是穿上鳍状肢跳进去，这可不是你们家旁边的游泳池。呼吸一般的空气（主要是氧气和氮气）你能潜到水下50米处。呼吸特别配制的气体（氧、氮和氦——用在宇宙飞船中的气体）你能潜得更深，可以潜到大约水下300米处。但是……

可怕的健康警告！

　　如果潜水完毕你太快浮出水面，你的关节会感到很疼痛，这被称作是"潜水病"。发生的原因是水压的突然变化会使得通过呼吸进入你血液中的空气中的氮气骤然逸出，就像打开一瓶汽水那样炸开。要是气泡触及到你的大脑和脊椎，那将会置你于死地。为了避免潜水病，潜水员会在"减压舱"度过一段时间，在那里水压会缓缓地、安全地恢复到正常的水平。

超酷潜水服

　　很遗憾，人们并不是天生就是水手。在水下无论停留多长时间，我们都需要各种衣服和设备。让我来告诉你我是怎样为自己挑选最好的潜水工具的。

　　我准备潜水完成我的首次实验任务。我试过3种不同的潜水服——下面是那些照片和我的注解，它们会告诉你我对每一件潜水服的评价。

可憎的装束 第一套：

抽气装置：从船上将空气抽给潜水员（直到抽气员胳膊抽筋！）

铜制头盔：模仿中世纪装束中的头盔，你可以猜想到它有多么舒服！

空气管：从海面上的支援船，一直连到头盔中，潜水员下潜的深度取决于管子的长度！

帆布制的潜水服：涂上一层橡胶材料以防水（一点也不舒服）。

铅块：衣服上的铅块可以保持你待在水下。

铅靴：保持你能在水下站立。

我的评价：死沉而且笨重。几乎无法行走或垂直站立。如果我的空气管子缠住了或是破损了会发生什么呢？我很容易被勒死或是窒息而死。简直无法想象。

以10分来记分：0分

可憎的装束 第二套：

水中呼吸器：将可移动的空气罐置于背上，也叫自携式水中呼吸器：自己控制的水下呼吸仪器。

面具：与水隔绝并让我看得更清楚。

水下呼吸管：供在贴近水面时呼吸水面上的空气。

呼吸器：应该是非常舒服的。

重量腰带：完全可调的。

湿衣：连身式的、用耐水橡胶材料制成的衣服，由机器密封。你可以穿上保暖的内衣使自己更温暖。

干衣：在比较冷的水中潜行会更暖和，你可以在自己的普通衣服上穿上这件，然后烘干。

脚蹼：为了特别的踢腿动作。

我的评价：这件好多了，它很可爱也比较轻巧，而且相当舒适。

这里没有胶皮管缠结的问题。我想它比较适合我，你说呢？不过要很快学会使用呼吸器，并牢记在心，使呼吸变得有规律。否则你会让自己很麻烦。

以10分来记分：8.5分

可憎的装束 第三套：

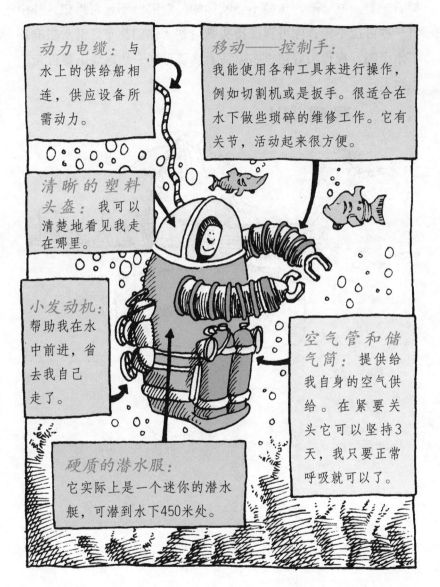

动力电缆：与水上的供给船相连，供应设备所需动力。

移动——控制手：我能使用各种工具来进行操作，例如切割机或是扳手。很适合在水下做些琐碎的维修工作。它有关节，活动起来很方便。

清晰的塑料头盔：我可以清楚地看见我走在哪里。

小发动机：帮助我在水中前进，省去我自己走了。

空气管和储气筒：提供给我自身的空气供给。在紧要关头它可以坚持3天，我只要正常呼吸就可以了。

硬质的潜水服：它实际上是一个迷你的潜水艇，可潜到水下450米处。

我的评价：哇！没有任何服装比这套更棒了，是不是？这绝对是那些专业潜水员必备的。我很喜欢那双手，对我来讲它有点贵，但我很荣幸能穿上它。

以10分来记分：10分

　　无论你穿的是什么，当你准备在水下嬉玩时，别忘了先往四周看一看。继续吧，鱼是不会咬你的，对吗？不过再想想，其中有一些可说不定，你可要保持头脑清楚。你们都穿好潜水服准备下水了吗？祝你们好运——你马上就要见到一些地球上最像鱼的生物了。

又深，又黑，又危险

海洋里有成千上万的生物。但它们是不是都如你想象的一样那么吓人？答案是，其中一些确实是。而其他的有些虽然体形很大，但胆子却很小。的确，体形大小说明不了什么，有些致命的海洋生物其实个头相当小。而一些最大的家伙甚至连一只苍蝇都不会伤害。举例来说，比如一只大蓝鲸……

给蓝鲸留一个宽敞的舱位的10点理由

1. 蓝鲸是生活在地球上的最大动物！比恐龙还大！它的长度超过30米，重量超过130吨（那是20只大象的体重）。它更像是一艘潜水艇而不是一只海洋哺乳动物。

那条鲸的样子真丑！

2. 一条蓝鲸的舌头称起来足有3吨重（就像一整只犀牛）。幸运的是，蓝鲸有一张极大的嘴！

3. 蓝鲸的鲸脂（是它皮肤下厚厚的脂肪层）可以重达30吨，

它可以保持鲸的体温，尤其是在寒冷的极地海域，还有它那流线型的轮廓很适合游泳。

4. 幼鲸在出生时就有2吨重，它长起来快得不可思议。到了两岁时，它们就有50吨重了。

5. 蓝鲸的眼睛比起我们的大多了，有足球那么大。然而它们的视力到底如何，我们就不知道了。

你认为它看见我们了吗?

6. 在自然环境中，蓝鲸可以活到80—90岁。但人类为了鲸肉、鲸脂、鲸骨，大量的捕杀蓝鲸，因此有一个时期，蓝鲸几乎消失了。今天，蓝鲸又开始增加了。

7. 鲸无法在陆地上生活。因为它们实在是太大了。没有超巨型的腿，它们永远也无法行走。唯一能支撑它们庞大身躯的只有大海。

8. 它们也可能曾经在陆地上生活过，比如某些鲸和海豚。为了寻觅食物，5000万年前它们来到大海边。下面将展示它们是如何变得善于游泳的……

▶ 它们的身体开始变成了流线型

▶ 它们的前腿变成了鳍

▶ 它们的后腿消失了

▶ 它们的鼻孔变成了头顶的出气孔

▶ 它们的头发也被鲸脂替代

9. 代替牙齿的是巨大的骨质的须边，它们从嘴边悬垂下来，像个巨大的筛子滤出水中的磷虾。

10. 蓝鲸食量很大，每天它们吃掉成吨的磷虾。那如果你和它面对面时会发生什么呢？噢，答案是什么也不会发生。蓝鲸确实巨大，可是它对你不感兴趣……一点儿兴趣都没有，尤其是正当它狼吞虎咽大吃磷虾的时候！

巨大的鲸鲨

如果蓝鲸称不上是危险的，那什么是危险的呢？海里最大的鱼？可能吧？错了！超凡的大鲸鲨可能有18米长，在它身体的中部绕一圈也有好几米，体重达到20吨（相当于4头大象）。它具有现存的生物中最厚的皮肤，坚韧、结实得像橡皮一般。它从来

121

不懂什么是危险，因而它才会去撞击小艇，会有致命的危险吗？没有，实际上凡是巨大的海洋生物都是完全无害的，非常容易相处，它可以让潜水员骑在它的身上。它的表皮那么厚，一点不适的感觉也没有！

我想在下站下去。

一次迅猛的鲨鱼袭击！

OK，看样子鲸和鲸鲨都不会伤害你了。但肯定还是有什么东西会的？看下面的场面：一分钟前你还在海里嬉戏，可是下一分钟……你就成了一只饥饿的鲨鱼的晚餐了。有点夸张是吗？这些家伙是多么冷血啊？返回水里真的安全吗？

鲨鱼最可怕的特征是它的牙齿，那恐怖的巨大的鲨鱼有上百颗尖锐的牙齿，它们像切牛排的刀那么长，像刮胡刀那么锋利。这个致命的猎手可以轻松地将你干脆利索地咬成两半……甚至一只死鲨鱼都能反咬一口。1977年，一名澳大利亚渔夫撞上了一起车祸，他被抛到了一条死鲨鱼下巴的牙齿上，死鲨鱼的下巴当时碰巧仰在汽车后座上。他的伤口缝了22针。啊唷！

通 缉!

姓 名：大白鲨

化 名：白色死亡、白色枪手、蓝色枪手、食人者

常去的地方：所有热带及温暖海域

基本数据：6米长，3吨重，牙齿有12厘米长

犯罪事实：每年杀死100人

活动方式：能闻到1600米以外的血腥味。不必奇怪，因为它大脑的2/3都用在嗅觉上了。发现猎物后它会悄悄地快速出击。一旦你进入它的视线，它便将眼睛转向后方以防受损，同时张开嘴，将它的牙齿伸向你。

武 器：牙齿——大约有3000颗，一行行排列。当一行牙齿用坏后，后面的一排就会补充上去。很方便。

警告！
这条鱼是全副武装的而且极其危险
任何情况下也不要接近……

……你已被通缉了

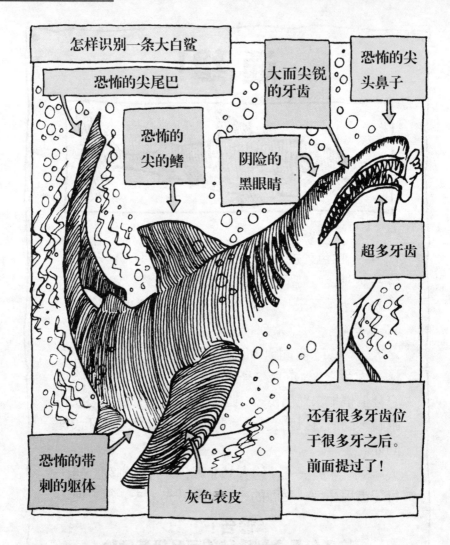

怎样识别一条大白鲨

恐怖的尖尾巴

大而尖锐的牙齿

恐怖的尖头鼻子

恐怖的尖的鳍

阴险的黑眼睛

超多牙齿

恐怖的带刺的躯体

灰色表皮

还有很多牙齿位于很多牙之后。前面提过了！

10个避免被一条鲨鱼吃掉的方法

　　1. 穿一件带条纹的泳装。如果幸运的话，鲨鱼可能会认为你是一条有条纹的、能致命的海蛇，还是离开你为好。

2. 穿上为工作专门设计的不锈钢的泳装。它被称为海王服，它是由成千上万的金属圈编制成的。如果遭到攻击你可能会有一些淤伤，但你不会被鲨鱼吃掉。

3. 即使你的身上有最小的割伤或擦伤也不要去游泳。鲨鱼的鼻子对血尤其敏感。

4. 要很用力地游泳，有规律地好好划水。如果你游得有气无力，鲨鱼可能会认为你受伤了，它会吃了你。

5. 设法让鲨鱼屈服。你可以拍击水面并大喊，这可能不起作用，但至少你会很忙。

6. 不要独自游泳，鲨鱼不喜欢成群的人。

7. 如果一条鲨鱼跟着你，你要试着快速转身并把它甩掉。它们并没有看起来那么敏捷。

8. 不要在夜里、黎明或黄昏时分游泳。这时候大多数鲨鱼会出来猎食。

9. 如果你在一条船上，设法别让自己呕吐，要知道呕吐物的气味对鲨鱼来说可是无法抵御的诱惑。

10. 最后，对女孩子们来说是个好消息，因为记录显示鲨鱼更喜欢攻击男性，攻击男性的数字是攻击女性数字的13倍。

但可不是仅仅只有大家伙才需要你多做了解。许多很小的东西也在它们的触须后面藏着令人作呕的秘密……

每日全球
渔夫信箱

亲爱的渔夫（或渔妇）：

你好！我是费雷德，你最值得信任的朋友在这里向你问好了。过去的一周有些古怪，但没什么错误，我的邮箱裂了一个缝。我会设法处理更多的信。如果还没有处理到你的问题，请一定耐心些。告诉你，一些深海中的古怪生物★一直让我很烦。特别是其中一些腐烂了，更让我着急。

亲爱的费雷德：

有人给了我一个锥形贝作为圣诞礼物，但是与它沟通真是很痛苦，我能做些什么呢？

费雷德答复：啊呀！你手头已经有很多工作。你看那只是你所有的问题中最小的一个问题。那些锥形贝美人看来是不愿意被你玩弄。

（★ 在这里指的是：海洋动物如海葵及水母，它们生活在深度为1000—4000米的水下。）

当心点，当你拿起一只锥形贝的时候，你很可能从贝壳下那像鱼叉般的齿状物上粘上足以致命的毒剂。你可没时间来教它坐下来或停下。因为几分钟内，你就会无法走路、说话甚至是呼吸了。几小时后，你就会死去。我想，我应该把它送回商店去。

亲爱的费雷德：

　　我的小弟弟说如果我继续挑剔他的训练器材的毛病，他就把章鱼的唾液放进我的茶里。这很可怕吗？（请不要告诉我父母关于写信的事，照理说我现在应该是在做地理作业。）

费雷德答复：你们这些年轻人真让人不理解，一点也不像我们那个时代的人，我猜想他应该是不止一次地伤害你了。我们说到哪儿了？噢，是的，那完全取决于你的兄弟用的是哪一种章鱼。如果是一只蓝色环状的章鱼，你可就麻烦了。这个小东西一年里杀的人可比鲨鱼吃的人要多。尤其是它的唾液，那是剧毒。如果我是你，我就会将自己的零用钱节省下来买一套属于自己的训练器材。

★信件之星★

　　本周的信件之星将乘坐费雷德坚实的船——贝壳号与他出游一天，如果你有晕船症，那就只好用一张签名的照片来代替了。

127

亲爱的费雷德：

　　如果一个人（不是我）想谋杀某人（当然，这不是真的），海里会有什么他们可以利用的东西吗？

费雷德答复：现在让我想想这个有点让人难以置信的问题。你可以使用葡萄牙僧帽水母的触须。我知道它们是很棒的毒药，我碰巧在哪儿读到过，但现在记不得了，它们曾被用作谋杀行动。比如说，放进汤里，我相信他们是那样做的。但被害者的胃很强健竟脱离了危险。如果你问我，我会告诉你把某个家伙直接喂给一条鲨鱼可能会更快些。

亲爱的费雷德：

　　我分别不出来哪些是石头，哪些是鱼了，你能帮帮我吗?

费雷德答复：我知道你的感受，你遇上的是个狡猾的家伙。通常情况下，石头看起来像石头，鱼像鱼，但就有一个非常讨厌的例外——一条石头鱼看起来像一块石头，且行动起来也像石头，直到你招惹了它……然后它会用自己带毒的刺给你致命的一击——你会变得狂躁不已，但却无能为力，很快你会感到前所未有的痛，然后死掉。除非你运气好，换了我是你，我会尽量绕开它的。

亲爱的费雷德：

　　昨天，我踩在了一条黄貂鱼上，我的腿全变青了，还一块一块的——这种症状会消失吗?

费雷德答复：有可能，你知道的，我会劝你去看医生的。黄貂鱼鱼尾的刺上有毒素。你都做了些什么让它如此烦乱?你一定已经为腿部开始化脓而烦恼了。通常，黄貂鱼喜欢安静的环境。顺便提一下，如果你腿上还有刺，你可以用裁纸刀将它别出来。人们是这样做的，我也是这样被告知的。

亲爱的费雷德：

　　朋友们和我打赌什么是海洋里最致命的动物？我们的答案不一致，我说是金枪鱼，但其他人都嘲笑我。您能给我们做个裁判吗？

费雷德答复：金枪鱼？别开玩笑了。不过请注意，如果你是一条可口的小鱼，那么金枪鱼可能会变得很危险。因为你可能就要成为它的一顿丰盛的午餐了。最危险的海洋生物实际上是海黄蜂水母，它虽然个头很小但却是致命的，它能在几分钟内轻易地杀了你。它的触须渗出毒液（一只水母足以杀死60人）。水母的行踪很诡秘而且它的身体是透明的，所以往往当你注意到它时已经太晚了。这可不是我一个人的意见呀。不信问问其他人。

　　你可以先问问，比如说找两位毕生研究这些危险的生物的科学家们。他们不可能总是与被研究的对象保持安全的距离。

129

水下杀手

1977年夏天，澳大利亚海边的一个码头

　　科学家们沿着码头仔细观察那黑黑的海水，最终他们发现了他们要找的目标。在照明灯的光芒下，移动并闪烁着两个幽灵似

的家伙和那长长的从它们盒子般的身体里飘出来的触须。它们正伸着自己的声名狼藉的无影手（拉丁语 "老的弯曲的手"）面对面漂在水里。 那就是刚才跟你讲的海黄蜂水母——海洋中最毒的生物。 这是科学家们等待已久的时刻。

科学家们该如何抓住这个海中杀手呢？如果你被海黄蜂叮了一下， 那你就可以和所有的圣诞礼物说拜拜了，因为你没机会打开它们了。首先你会感到难以忍受的疼痛，很快你就会觉得呼吸困难， 最终你的心脏停止跳动。如果得不到医治，不超过4分钟你就没命了。那么为什么还要捉这些危险的家伙呢？为什么不离开它们，去研究一些不太危险的东西呢？

不行。这些科学家们的任务就是去抓一只成年的海黄蜂水母（身体如篮球一般大，呈方形，有60条5米长的触须，身上长有大量带毒的刺）。为此，科学家们制订了很周密的计划。第一，他们穿上保护服——长长的裤子，长袖的上衣和手套在手腕处系得紧紧的。然后，抄起一些大塑料桶和长柄的网兜奔向码头。一开始，事情都按计划进行， 他们将网兜推来推去地将海黄蜂哄进了他们的塑料桶里，然后将桶提出水面。到目前为止，一切进行得都不错。然而谁知道灾难就要降临了。

由于工作紧张让人大汗淋漓，其中一位科学家就脱掉他的上衣。

大错特错！当他把桶拉出水面的一刻，一条海黄蜂水母的触须由于骚动而轻轻地擦了一下他的手臂。

就那么轻轻的、不经意的一次接触——科学家马上感到他的皮肤火烧火燎一般的难受。一条恶心、刺痛的红色条纹立即出现在他的胳膊上。不过他还算幸运，只被触须扫到了几厘米，否则早就没命了。紧接着，他感受到前所未有的刺痛，事后他不愿再想起这件事，当然他也没有放弃自己的工作。幸运的是，他最后挺过来了。

回到实验室，科学家们详细地观察了海黄蜂，要知道从没有人如此接近地观察它们恐怖的躯体，科学家们将会第一次揭示水母是如何生活和繁殖的——而且，最重要的是，可以检查它们身体里那致命的毒液的成分和来源。这些信息将有助于挽救更多的生命。

别惊慌！ 下面是当你被海黄蜂水母刺到时的几种应对方法。你认为哪一种最有效呢？

131

A　将醋轻拍在上面

B　饮一定量的抗蛇毒血清

C　穿上两套紧身裤

答案

　　b) 是你的最佳选择。但你还必须立刻行动尽快赶到医院。抗蛇毒血清是一种可以抑制毒素作用的药物，它被注射进你的肌肉和血管内，几乎瞬间就可发挥作用。顺便讲一下，a) 紧急情况下可以采用，但你需马上按照 b) 的方式处理。至于 c) 并不像听起来那么可笑。当冲浪者进入有海黄蜂水母活动的区域时会穿上两套紧身裤——一套穿在身上，另一套套在手和头上——以保护自己不被水母叮到。

黑暗中的行动

　　OK，多数海洋生物并不像海黄蜂水母那样危险，但它们所生存的环境却是很可怕的。对于那些生活在海洋最黑暗处的鱼来说，它们的生活环境的确会让你感到不安。

　　不仅仅是……

　　特别的冷——在可怕的海洋深处，海水是极冷的。

因为这个缘故，多数海洋生物生活在距海面200米以内的水中，那里的水是温暖的，而且有阳光照耀。

漆黑的——当阳光射在海上时，一部分会反射回天空，另一部分则被海水吸收了。但它只能到达水下不远的地方。水下250米处就漆黑得像是夜晚一般了。

而且……

特别的"压抑"——在水下你走得越深，你就会感到越重的水压。你每下降10米，每平方毫米就会增加1千克的压力。足以把人压垮。

孤单——当你身处水下1000米或更深处，你能看到的友好面孔可就没几个了。

那可真的是……

非常危险——你要特别注意自己的身后，因为在那么深的地方没有太多可吃的东西。深海动物吃蚯蚓、甲壳类动物以及任何可以放进它们牙齿中的东西。它们也依赖从水面坠下的死去的植物和动物尸体，但这可能会需要一点运气……

尽管如此，一些面目可怕的海洋居民却认为这危险的地方是它们的家，甜蜜的家。它们是如何生存的呢？让咱们会一会深海琵琶鱼吧……

133

深海琵琶鱼

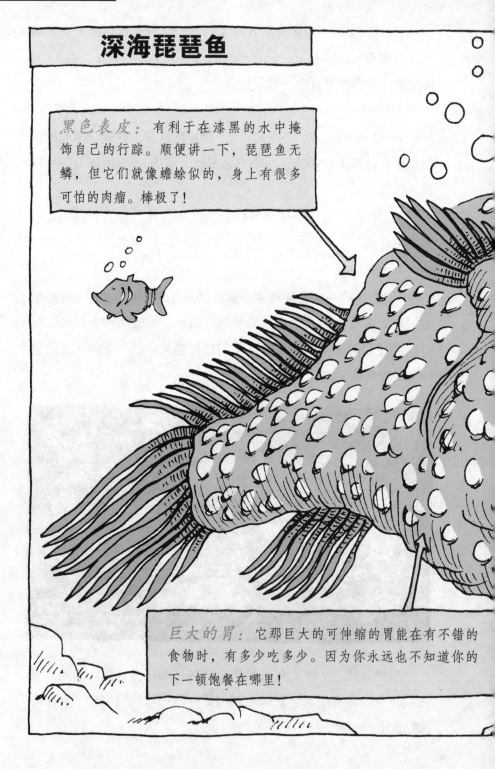

黑色表皮：有利于在漆黑的水中掩饰自己的行踪。顺便讲一下，琵琶鱼无鳞，但它们就像蟾蜍似的，身上有很多可怕的肉瘤。棒极了！

巨大的胃：它那巨大的可伸缩的胃能在有不错的食物时，有多少吃多少。因为你永远也不知道你的下一顿饱餐在哪里！

闪亮的球状物：是的，闪亮的球。要不然怎么在黑暗中看得清呢？亮球就在它的嘴上摆来摆去，由一个像鱼竿似的细长的鳍状物连着。这个亮球由成百万的微小的细菌组成。琵琶鱼也把它当作诱饵来使用。小鱼儿们会把亮球误认为是一顿点心而高兴地游过去，结果笔直地游进了琵琶鱼的嘴里。

大嘴：巨大而且杂乱地排列着向后弯曲的长牙。怪吗？这样有利于受害者进入，就像一个设好的陷阱，然后牙齿会向前弹起紧紧关上！看起来像是监狱的栏杆，受害者再也甭想出去了！

笨拙的身体：琵琶鱼不睡觉，它们的体形也不像其他鱼那样是流线型的。因为它们不用游得很快去捕捉食物，所以实际上它的身体相当软弱且动作缓慢。有些琵琶鱼会整天躺在海底，张大了嘴等食物自己游进来！

但琵琶鱼并不是黑暗中唯一能见到的鱼

135

它们是怎样利用亮光的呢?

1. 半数以上的深海鱼都可以为自己制造亮光。一些闪光是因为体内的化学反应所致。其他的是用一团团的细菌作为"火把"。

2. 你认为海洋生物会用它们的亮光来做什么呢?

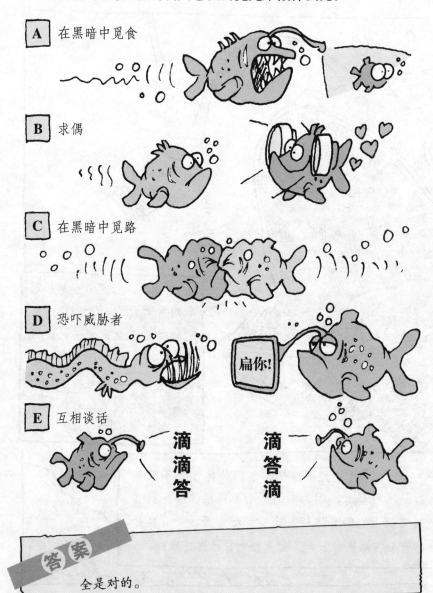

A　在黑暗中觅食

B　求偶

C　在黑暗中觅路

D　恐吓威胁者

扁你!

E　互相谈话

滴滴答

滴答滴

答案

全是对的。

3. 闪光灯鱼的每只眼睛下有一个亮点。它们靠表皮上的皱褶当"快门",开启或关闭亮点。这是一个很巧妙的迷惑掠夺者的办法。它的闪光亮得足以照亮一个小房间,即使鱼已经关闭了亮点,亮光仍会持续一会儿。

4. 一闪,一闪,小海星,一些小海星(它们是海星的亲戚)发出蓝色和绿色的光来警告入侵者,它们吃起来的味道是很恶心的。

5. 小萤火虫乌贼用它们的光亮来做掩饰和寻觅伙伴。它们还向敌人喷出发亮的绿色黏性物质,好给自己留出时间快速逃跑。在日本,渔夫们会将这些闪亮的乌贼悬在渔线上作为诱饵。

地球上令人震惊的事实!

　　第二次世界大战期间,日本船员们发现了一种省电的方法。它们在手中摩擦一些在贝壳里发现的发亮的细菌。这亮光恰恰够他们阅读绝密文件,又不至于引起敌军战舰的注意。

全副武装的和危险的

在海洋的深处,那是一个鱼吃鱼的世界。如果无力反击,你只能被吃掉。许多海洋生物都具有良好的生存工具——刺、尖锐的牙齿、刺激物及毒液。其中一些家伙更狡猾,这里列出了它们用的一些诡计。

快枪手　手枪虾可以在近距离射倒它的猎物。很简单,它只是瞄准目标……然后开火,用手爪拍打水流发出如枪击一般的声音，震动产生的波会穿透水层将猎物打昏，这时虾就会挪过来吃掉猎物。

百发百中　颌针鱼长得又长又细，要是被它缠上了那可是很痛苦的。一次一条颌针鱼从海里跃起，笔直地刺穿了一名美国水手的大腿，将这名水手钉在了自己的船上。

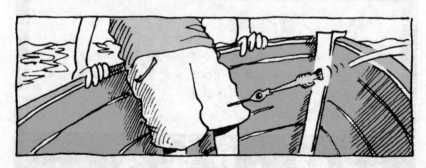

间接武器　海蛞蝓本身没有什么武器来保护自己不被吞食，因此它们就吞进带刺的海葵作为替代。海葵的刺进入海蛞蝓的身体，就停在它的表皮下。如果一条饥饿的鱼不巧擦过，这些刺就会扎进这些鱼的身体去。

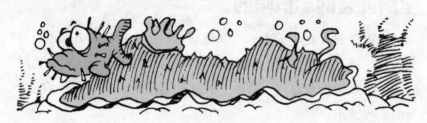

可怕的尾巴　黑色的鱼雷鹞鱼靠电流（在它脑袋里生成的）将猎物和入侵者电晕。

英国的一名渔夫有一次捉了一条鱼雷鳐鱼，并把它拿出来展示。他以让人们猜猜它的体重来收一点钱。果然，它发财了，因为人们还没猜出它的准确体重就先被电晕了。

无臂的乐趣

当海星想迷惑一个进攻者时，很简单，它会留下一只或两只"手臂"在后面。奇怪吗？试试下面的测验题，看看你对这种奇怪的家伙了解多少？

1. 海星可长到40条手臂。　　　　　　　　　　正确 / 错误？

2. 海星没有脑袋。　　　　　　　　　　　　　正确 / 错误？

3. 曾经发现的最大的海星足有一个垃圾桶那么大。正确 / 错误？

4. 海星整天都在欺侮软体动物。　　　　　　　正确 / 错误？

5. 海星的餐桌礼仪极差。　　　　　　　　　　正确 / 错误？

答案

1. 正确。当海星失去一只"手臂"时（下图），它就再长出一只来。补充一点，从一截小小的手臂上又能长出一个完整的身体来（可能会花一两年时间），特殊的情况也会有。例如一些海星会有4只或是40只手臂，而不是通常的5只或6只。

2. 正确。但是它们手臂的末端的确长有眼睛。鉴于它们没有脑袋，所以他们也就没有大脑！嘴和胃都长在它们的腿上（或手臂），这就是海星的身体。

3. 错误。最大的海星实际上有一个垃圾桶的2倍那么大！从它的"手臂"尖端算起，它的跨度差不多有1.5米宽。然而它的身体厚度只有2.5厘米。最小的海星不过才5毫米宽。你可以很轻松地把它放在你的大拇指的指甲上。

4. 正确。在每个手臂上，海星长有一排小小的吸管（称作管状脚）。当海星看上一道"点心"时，它就用手臂将这个软体动物紧紧缠起来，快速粘住它并把它撬开，然后吞下去。

5. 正确。棘冠海星尤其可恶。当它们想嚼碎一块珊瑚的时候，它会将自己的胃吐出来，让胃在自己体外慢慢消化过后再把胃拉回去。真恶心！还不止这些呢，棘冠海星也是唯一带毒的海星，它能用自己那针一般锋利的刺用力地刺出一剑。眼下它们正在吞食大堡礁呢！但你不能责怪一只海星。说实在

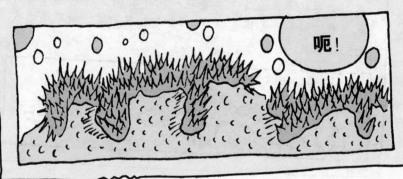

呃！

的，无论是可爱的或讨人厌的，多刺的或有毒的，每个单独的海洋生物都会惧怕一些事物，即使是那些大个头的家伙也不例外。但最大的风险并不是来自于它们彼此之间，那可比这糟透了，那是一个令所有鱼类都惧怕的家伙，你们猜猜它是谁？

海洋病了

几个世纪以来，人们把海洋当作一个巨大的垃圾场。这是真的！把垃圾倾倒进海洋好像是个不错的处理办法，似乎那样就可以将垃圾永远丢掉。但每年26亿吨的垃圾、污水、废弃的工业化学物质、石油以及放射性废物从各个方面影响着海洋。它们留在海洋的某些地方，因此也就不奇怪海洋会生病了。要知道所有这些污染物对海洋动植物来说都是致命的威胁，对我们人类的危害也很大。海洋中一些最美丽的景致正遭受着严重的威胁。

处于险境的珊瑚礁

如果你想寻找生命和色彩，就去访问一下珊瑚礁吧，那是蓝色的大海里最繁忙的所在。最大的珊瑚礁可以长得如一个岛屿那么大，要知道它可是由那些比蚂蚁还小的生物筑成的。可是现在它们正在死去，有10%的珊瑚礁已经消失，另外有60%病得很重。这些珊瑚礁的好与坏真有那么重要吗？试试回答一下下面的问题，看看能否多了解一些。最好让其他人，比如你的妈妈、爸爸、老师也一起试试……

关于珊瑚的难题

1. 珊瑚是由什么形成的？

a）岩石 b）动物 c）植物

2. 以下这些生物中有多少是以珊瑚礁为家的？

a) 狮子鱼

b) 大蛤

c) 海鳗

d) 小丑鱼

e) 蝴蝶鱼

f）羽海星

g) 礁鲨

h) 鹦鹉鱼

i）海蛇

j）裸鳃亚目动物

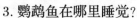

3. 鹦鹉鱼在哪里睡觉？

a) 海床

b) 珊瑚暗礁

c) 睡袋中

4. 珊瑚礁长得有多快？

a) 一年大约5毫米

b) 一年大约2.5厘米

c) 一年大约1000米

5. 在地球上的什么地方发现的珊瑚礁最多？

a) 太平洋

b) 大西洋

c) 印度洋

6. 澳大利亚东北的大堡礁是如此巨大，你甚至可以从……看见它？

a) 月亮

b) 新西兰

c) 澳大利亚西南

7. 下面哪个可以由珊瑚制成？

a) 牙齿

b) 眼睛

c) 骨头

8. 什么是珊瑚环礁？

a) 一座珊瑚岛

b) 一条珊瑚鱼

c) 一片状如大脑的珊瑚

9. 珊瑚礁所遭受的危险来自于……

a) 纪念品收集者

b) 海洋石油开发

c) 污染

d) 渔船

e) 砍伐陆地上的树

144

10. 我们能做些什么以挽救珊瑚礁呢？

a) 把珊瑚采掘出来挪到其他地方

b) 把珊瑚礁变成海洋公园

c) 建一个玻璃罩把珊瑚礁罩住保护起来

答案

1. b）科学家过去曾认为珊瑚礁是植物构成的。实际上，珊瑚礁是由极小的、叫珊瑚虫的动物筑成的。珊瑚虫是水母和海葵的近亲，它们成千上万地聚居在一起。珊瑚实际上是坚硬如石头般的壳子，是珊瑚虫用水中的化学物质建成以保护它们柔软、易碎的身体的。多数珊瑚礁是由白色外壳构成的（里面的珊瑚虫早死了）。但有彩色外壳的可能是非常活跃的。

2. 全都是。珊瑚礁是生命聚集的地方。实际上，它们是许多海洋生物的家园，是海中的花园。所有类型的鱼中有1/3都生活在其中，和其他成千的冷漠的生物为伴。没听说过裸鳃亚目动物吧？它是那色彩明亮的海蛞蝓的一个特别的名称。那颜色表示一种警告："走开！别理我，我的味道很恐怖！"

3. c）鹦鹉鱼的睡觉习惯很特别。夜晚，它会绕着自己的身体吹出一个黏黏的胶状气泡，使自己看起来就像躺在睡袋里，而它就在那里面打瞌睡。"睡袋"使它们温暖，并保护它们远离敌人，如美洲鳗。因为美洲鳗闻不到"睡袋"内的鹦鹉鱼。

145

4. b) 珊瑚成长的速度类似于你的手指甲，大约每年2.5厘米吧。以这个速度一个珊瑚礁通常要用上百万年才能长成。科学家们通过X射线来测试礁体的年龄，就像医生用X射线来诊断你的身体一样。射线可以显示出珊瑚虫外壳上的圈圈，每个圈要用1年时间生成。澳大利亚的大堡礁最少有1800万岁。

5. c) 超过半数以上的珊瑚礁长在印度洋中，那里的条件非常适合珊瑚虫生长（太平洋和大西洋中也有）。珊瑚虫喜爱在温暖、有阳光和水浅的地方生活。如果海面升高或变冷，珊瑚虫就会生病和死掉。阳光是必不可少的。珊瑚虫靠着微小的植物海藻成群地在一起生长，那些植物有助于把珊瑚礁粘牢。而海藻需要阳光来制造自己的食物。当海水肮脏时，就阻碍了珊瑚礁的成长。

6. a) 大堡礁有2000多千米长，覆盖了200 000平方千米的面积（是冰岛面积的2倍）。它可是世界上最大的珊瑚礁，而且是活着的生物创造的最大的建筑物。哇！

7. b) 和 c）。信不信由你，用珊瑚制作的眼眶和骨头正被移植到人类身上。
珊瑚的构造（满是细小的孔）非常近似于人类的骨头，因而很适合这项工作。然而目前2500种珊瑚中只有3

种能起一定作用。这些珊瑚是在南太平洋发现的，岛上的人们用珊瑚做了很多东西，从房子到首饰到下水道！仅有少量的珊瑚——大约填满一辆小汽车——每年被采集来用在外科手术上。移动它的时候需非常小心，这样就不至于使它遭到破坏了。

8. c）当珊瑚礁体在火山的斜坡上生长时就形成了环状珊瑚岛。数年过去后，火山沉进了大海，但珊瑚却绕着这个沉睡的礁湖继续生长成一个马蹄形状的岛屿。太平洋里到处都是它们。那里绝对是度假的天堂！

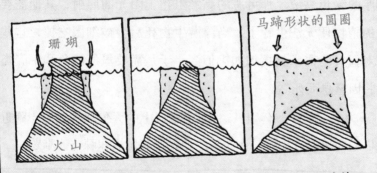

9. 惨呀，答案是全部。成吨的珊瑚被偷走制成首饰、装饰品，并用来装点人们的养鱼池。礁体被用来寻找石油的炸药破坏，它们同时被污染物毒害着，当陆地上的树木被砍倒时，倾泻进水中的土壤又会将之抚平。捕鱼可是一个棘手的问题，成百万的人们把生活在珊瑚礁中的鱼作为自己的食物。要知道当渔船在珊瑚礁区域里打捞鱼和甲壳水生动物时，就可能将珊瑚礁捣毁。

10. b）好消息是，最好别打搅珊瑚礁，它可以自己恢复过来，一些国家把它们改造成公园，还派警卫日夜看守，游客和潜水员必须付钱才能进去参观，如果因为私自将珊瑚拿回家而被抓住，那你可就要大难临头了。

讨厌的人类积习

我们人类真的是很可恶的，我们的所作所为确实让海洋病得不轻。这里是我们的一些坏习惯……

1. 向海洋注入

我们做了什么：将恶臭的污水直接注入大海，使得化学物质、农场使用的杀虫剂等源源不断地随着河流流进大海。

为什么会造成不适？浮游生物（微小的植物）吞食了污水和其他化学物质后，就会不断成长、发展，直到将大海覆盖上厚厚的绿色黏液。那可恶的黏液阻挡了阳光的照射，其他需要阳光的植物便无法生存了。当浮游生物死后会被细菌吃掉，这些细菌对氧气的需求就更加如饥似渴，于是需要氧气的鱼和甲壳类动物将因窒息而死。

为什么不会停止：世界半数以上的人们居住在海岸附近，所以最简单的方法就是让大海冲走我们的垃圾和棘手的难题。

2. 向海洋渗漏

我们做了什么：将来自工厂、矿山和轮船的有毒金属物质和汞渗透进大海。

为什么会造成不适？金属物质被鱼类消化以后，就改变了我们人类的食物链，那将产生致命的后果。在1950年，几百名日本人吃了汞中毒的鱼后，造成大脑受损。汞是由附近的一家化工厂排进海洋的。

为什么不会停止：工厂供应给我们日常生活中需要的很多用品，从汽车到食物、螺丝帽和插销、矿山生产的原材料。现在人们正设法采取更环保的措施和手段。但那可是漫长的过程。

3. 向海洋倾倒

我们做了什么：由陆地上的核电站倾倒进海洋的放射性物质。

为什么会造成不适？这些废物是致命的毒害。这些毒害即使是被封闭在混凝土堡垒里也要花上几千年才能变得安全起来。如果它渗进海洋会引发癌症及其他致命的疾病（对人类和海洋动物）。

为什么不会停止：因为我们真的不知道还有什么其他的办法。试想一下把它们埋在陆地上呢，后果更不堪设想。

4. 向海洋投掷

我们做了什么：每年几百万吨的垃圾被抛进大海——塑料袋、瓶子、油罐、大桶、罐头盒及绳子。有500万吨的这种垃圾被从船上抛下。

为什么会造成不适？成千的海鸟，哺乳动物，海龟和鱼被古老的绳索和渔网打捞上来，并在它们挣扎逃脱时丧命。当潮水涌来时，大量的垃圾被冲到岸边。海洋现在确实是病得不轻啊！

为什么不会停止：因为所有人类制造出来的垃圾是无法全部在陆地上处理掉的。当然已有上亿吨的垃圾被埋到了地下。

对于那些容易腐烂的东西，这种方法还是可行的，但那些塑料制品、金属则不易腐烂。所以我们应该尽量少丢一些垃圾，循环使用塑料和玻璃制品。而至于那些古老的绳索和渔网，渔夫们应该亲自把它们整理好或是采用其他的什么方式处理。

5. 向海洋泄漏

　　我们做了什么：油轮搁浅导致上百万吨的燃油涌进大海。

　　为什么会造成不适？燃油会影响鸟类羽毛的作用，那样鸟儿就无法保暖或漂浮了，它们将会死掉。其他的海洋生物也因吞进了燃油而中毒。一些被用来吸收油料的化学物质就更危险了，那需要花上很多年才能清理干净。

　　为什么不会停止：石油让这个世界运转，它给我们的汽车、工厂、家庭供应燃料，但它同时也是个杀手。石油公司应多负些责任——公平地讲，许多石油公司也正在努力。举例来说，一些油轮现在被制造成了双层舱壁来防止漏油事件，不过这很破费。我们原来是希望使用便宜的汽油，但事与愿违油轮的运营成本因此而大大增加了。

6. 向海洋钻凿

　　我们做了什么：在海底凿眼，或在水下实验新的武器带来的噪声污染了大海。

为什么会造成不适？声波在水下穿透力很强，而许多海洋生物的听力都是很敏感的，那么设想一下生物在震耳欲聋的环境中会如何吧。

为什么不会停止：我们用不着非听不可，所以我们可以变成聋子。但如果我们不是聋子，情况就不同了，试想一下当深夜你正要沉沉入睡之时，有人在你窗外的人行道上打眼，你会有什么感受呢？

再不会奇怪海洋为什么会生病了吧？

我们需要海洋胜过海洋需要我们?

读读下面这3件不能离开海洋的事情,你就能自己做判断了。

可恶的雨水 海洋在气象中扮演着一个重要角色。下面是所发生的:

1. 太阳的照耀温暖了海洋,成百万升的水以水蒸气的形式(不可见的)升上了天空。

2. 水蒸气慢慢上升,遇冷凝结成液态水。

3. 然后以雨的形式降下。

4. 在陆地上，河流携带雨水流回到大海。

5. 然后整个过程会再来一次。

你可能会认为雨水少点是好事。那么地质考察的旅程就不会又湿又滑了。再想想，没了雨水，植物便不能生长；没了植物也就没有了食物。此外海洋对于调控地球的温度也起着决定性的作用，它吸收和释放大量的热量，将热量均匀地分配开来。

不可思议的氧气　没有了海洋，你将无法呼吸。海里蕴藏着大量的绿色植物，我们称之为海草，海草制造了一半以上我们呼吸的氧气。怎样做的？噢！是这样，海草无须去商店买食物，它们自给自足。它们利用阳光将二氧化碳（一种气体）和水转换成食物，即氧气。

金枪鱼三明治　成百万人们的食物依赖着海洋。不仅有那美味可口的金枪鱼，还有甲壳动物、多肉的软体动物、海菜、盐，等等。问题是太多的鱼被捕食了，现在的鱼类资源储量已经

153

降低到危险的水平。以金枪鱼来说，在过去的20年时间里，西大西洋中的金枪鱼数量已经下降了差不多90%。

拯救海洋

海洋的确已到了相当危急的状态，但情况还不像听起来那样让人沮丧。一些政治和商业活动正在帮助我们意识到事态的紧迫性。1997年是国际珊瑚礁年。你可以领养一块自己的珊瑚礁来出一些力，你还可以收养一条鲸……如果你认为自己能应付的话！

1998年是法定的国际海洋年。全世界各国政府都被要求约束自己的行为，减少水污染以及从海里捕捞过多的鱼。这些工作包

括了防止由飞机、轮船引起污染的国际条约。一致同意最好的挽救海洋的方法就是鼓励人们更多地了解海洋。当然这个点子是否有效，现在说还为时过早。但你还是有充足的时间奔向你最近的海滨，去和那并不是很无情的海洋交个朋友吧!